新・孫子の兵法 誰もが「起業家」でないと生き抜けない時代のビジネス戦略

孫子兵法商學院 2

【致勝原力篇】

田口佳史 著

張嘉芬——譯

野人

野人家 230

新・孫子の兵法 誰もが「起業家」でないと生き抜けない時代のビジネス戰略

孫子兵法商學院 2【致勝原力篇】

作　　者　田口佳史
譯　　者　張嘉芬
日文版企劃・編輯　岩下賢作
日文版協力編輯　東雄介

社　　長　張瑩瑩
總 編 輯　蔡麗真
副 主 編　徐子涵
責任編輯　余文馨
專業校對　林昌榮
企劃經理　林麗紅
行銷企劃　李映柔
封面設計　萬勝安
內頁排版　洪素貞

出　　版　野人文化股份有限公司
發　　行　遠足文化事業股份有限公司（讀書共和國出版集團）
地址：231 新北市新店區民權路 108-2 號 9 樓
電話：（02）2218-1417　傳真：（02）8667-1065
電子信箱：service@bookrep.com.tw
網址：www.bookrep.com.tw
郵撥帳號：19504465 遠足文化事業股份有限公司
客服專線：0800-221-029
法律顧問　華洋法律事務所 蘇文生律師
印　　製　成陽印刷股份有限公司
初版首刷　2024 年 04 月

ISBN 978-986-384-997-1

歡迎團體訂購，另有優惠，請洽業務部（02）22181417 分機 1124

國家圖書館出版品預行編目（CIP）資料

孫子兵法商學院 (2)【致勝原力篇】/ 田口佳史作 ; 張嘉芬譯 . -- 初版 . -- 新北市 : 野人文化股份有限公司出版 : 遠足文化事業股份有限公司發行 , 2024.04
　面；　公分 . -- (野人家)
譯自 : 新・孫子の兵法 : 誰もが「起業家」でないと生き けない時代のビジネス 略
ISBN 978-986-384-997-1(平裝)

1.CST: 孫子兵法 2.CST: 企業管理
3.CST: 謀略

494　　112021491

野人文化
官方網頁

野人文化
讀者回函

孫子兵法商學院 (2)
【致勝原力篇】

線上讀者回函專用 QR CODE，你的寶貴意見，將是我們進步的最大動力。

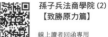

【前言】

大變局時代，最適合讀《孫子兵法》

如今，時代正值重大的轉變期。

從二〇二〇年初起，蔓延全球的新冠病毒爆發大流行，你我的生活為之不變。想必很多人都懷抱著「如今是重大轉型時期」的認知。

可是，究竟有多少上班族對此懷抱危機意識，進而採取行動呢？縱然是一肩扛起整家企業的經營者，是否也還懵懵懂懂，用一如既往的態度過日子呢？

身為一個以東洋哲學為出發點的企管顧問，截至目前為止，我已輔導過逾兩千家企業的經營。尤其我還曾經以創業投資經理人的身分，與許多創業家共事。此外，在從事這些工作之前，我也擔任過處理破產程序的破產管理人，分析過多家企業的破產原因。這些經驗，讓我可以憑感覺就知道什麼樣的公司會破產，以及該怎麼做才能讓企業持續成長，遠離破產。

在「商場」這片戰場上，我們該如何保命求生？

過去，這樣的問題，只需要交給公司的部分經營高層去思考即可。然而，在這個「終身雇用神話」早已瓦解，連眼前未來都難以預知的動盪時代，不論您是不是剛出社會第一年的新鮮人，每個上班族都應該懷抱經營管理的意識，才能生存下去。

即使是在知名的大企業任職，也必須當作自己是和公司簽下委任合約的自營業者，不能老是抱持「公司會照顧我」的心態，否則很難在公司裡服務好幾年，甚至是好幾十年。

近來，我有越來越多機會和新生代創業家分享該如何在現今的商業環境下求生。儘管本書的主題圍繞著「該如何經營企業」，但我期盼各位都能多多參考本書內容，以「經營觀點」以及「創業家精神」面對工作。

身為一名研究東方哲學的學者，我長年鑽研那些被譽為中國古籍經典的作品。這些經典，已化為我的血肉。而在從事企業管理顧問工作之際，我從中國古代典籍裡學到的智慧，也成為有力的武器。

連具有這些背景的我，都認為現在正是最需要《孫子兵法》教誨的時代。因為當前時代，正值空前的重大轉型期，過去幾十年來的前例，也就是所有的個案研究，已完全派不上用場。所以我們更要回歸「古代典籍」這種「原理原則」，重新思考眼前的事物。

實際上，每當我在講習課程等場合談這些話題時，總有很多學員大感詫異，驚覺「原來兩千年前，甚至是兩千五百年前的古代典籍，竟然與最先進的商業活動如此契合！」

想必很多人都聽過《孫子兵法》，它是兩千到兩千五百年前中國的兵法典籍。也就是說，這雖然是一本談論當時戰爭的作品，卻能跨越時間與空間，廣為傳閱。時至今日，人們還用「商場」取代書中的「戰爭」，使得《孫子兵法》多年來一直深受全球商界領導者熱愛。

本書是因應當今時代現況，重新詮釋《孫子兵法》的一部作品，探討《孫子兵法》的精髓要義，深入程度更勝市面上既有的許多商管類《孫子兵法》書籍。不論是已經讀過《孫子兵法》相關著作，或是尚未接觸過同類書籍的讀者，本書將是您在商場求生之際的必讀之書。

所謂的商場，就是非生即死的戰場。
既然您已經拿起了這本書，就請您一定要學會「該怎麼做，才可以保證在沙場上存活？」的原理原則。

田口佳史

目錄

第二章 作戰。

崇尚「擴張版圖」，
是唯一的經營之道嗎？

第三章 謀攻。

「沒有必勝的把握，就不輕易開戰」，
您能這麼果決嗎？

【第四章】軍形。

您的準備是否達到「還沒開戰就已獲勝」的狀態？

【第五章】兵勢。

您能不加思索地說出

「公司的機會就在這裡」嗎？

【第六章】虛實。

面對大轉變的時代，

您有信心掌握「主導權」嗎？

【第七章】軍爭。

您是否引頸期盼
名為「危機」的機會？

《第十章》地形。

組織內部有無破綻？是否充分審視內外狀況？

【第十三章】用間。

在這個講求資訊力的時代，您是否持續提升自己的人品？

第一章

始計。

孫子的提問

您有自己的經營哲學嗎？
是不是太輕忽它了？

孫子在這部兵書最開頭的篇章〈始計〉當中，是以「戰爭攸關國家存亡」[1-1]揭開序幕。而企業經營也是如此。所謂的經營，就是賭上企業的生死存亡，窮盡所有的智慧去努力。

翻開《孫子兵法》的原文，我們可以發現：孫子在這個段落，還特別細心地用了「不可不察」[1-2]這種雙重否定，來強調經營的重要性。「察」這個字，意思是「在祭壇上雙手合十之際純淨無瑕的心」。而世上究竟有多少經營者，願意懷著如此決心，每天到公司上班，認真地面對經營呢？

說不定前一年才歡慶公司業績大好，隔年就因為疫情而關門大吉。說不定原以為很仰慕自己的員工，都紛紛辭職求去。說不定客戶會因為競爭對手出現而被挖走。人類這種生物，總是沒來由地樂觀，覺得「事情一定會順利發展下去」，所以孫子才會搶先為我們提出警告：「可別小看企業經營！因為各家企業都競相鬥智，看誰能創造更多無人能及的價值。而這場競爭，不只賭上經營者自己的成敗，更攸關員工和員工家屬的人生。」

※本文中的「一一①」等數字，對應本書最後原文上的標示。

經營戰略01

現代社會當中，企業理念的功能之一，就是凝聚多元的「個人」，讓大家團結一心。

有號召力的企業理念、優秀中階主管與為趨勢做準備的行動力，是成功的三大保證

孫子曰：兵者，國之大事，死生之地，存亡之道①，不可不察也②。故經之以五事，校之以計，而索其情：一曰道，二曰天，三曰地，四曰將，五曰法③。道者，令民與上同意，可與之死，可與之生，而不畏危也。天者，陰陽、寒暑、時制也。地者，高下、遠近、險易、廣狹、死生也。將者，智、信、仁、勇、嚴也④。法者，曲制、官道、主用也。凡此五者，將莫不聞，知之者勝，不知者不勝。

在經營心法方面，孫子首先談的是「五事」[③]，也就是每個參與經營的人，都應該用心思考的五大重點：「道、天、地、將、法」。

❶「道」：體認企業理念的重要性

所謂的「道」，說穿了就是指「目標」。其實孫子所談的並不是目標的好壞，而是「眾人懷抱相同目標，齊一心志」的重要。我們不妨試著把「目標」替換成「企業理念」看看。

我求職的時代，大學生都是一批又一批，前仆後繼地被推出校園，心想著「只要找得到工作就好」。至於那些公司究竟崇尚怎麼樣的企業理念，根本沒有人在意。可是，如今時代已經變了。

在許多企業紛紛推動多元共融（Diversity and Inclusion）的現代社會，企業理念的重要性與日俱增。所謂的「多元共融」，就是認同多元的性別、年齡、國籍、生活方式與價值觀等，進而接納、活用。不過，一個高度多元的團體，有時會淪為彼此個性南轅北轍的群體，出現「難以整合」的缺點。

現代社會當中企業理念的功能之一，就是凝聚多元的「個人」，讓大家團結一心。正因為不同員工都對同樣的企業理念抱有共鳴，所以即使個性南轅北轍，仍能攜手合作，並充分發揮各自的個性特質，不必擔心組織變成一盤散沙。

反之，我們也可以說：如果企業無法提出吸引人並且足以獲得更多共鳴的理念，就無法生存下去。

說到企業理念，或許有些人會對它抱持著「經營者『強迫』員工接受」的印象，其實現況正好相反。匯集更多元的人才，集思廣益，創造更吸引人的企業理念，並且共同追求，這樣的想法，才是現今社會要的。

那麼所謂的企業理念，究竟是什麼？經過簡單的整理，我們可以彙整出以下的要素：

「**何事**」、「**如何進行**」、「**要達成什麼目標**」、「**要實現怎麼樣的社會**」。

「**何事？**」指的是事業領域。如果能像後續內文所描述的，建立引領時代的事業領域，就能獲得更多人的共鳴。

「**如何進行？**」就好比商業模式。即使同一個業種、業界裡有許多企業，只要商業模式與眾不同，那麼它就會是這家企業獨有的特色，更是一種自我認同。

「**要達成什麼目標？**」在這裡指的不是目標數字，而是社會價值的創造。它要展現企業的存在意義，例如想要解決某個社會問題，或拯救抱有某種困擾的人等等。

「**要實現怎麼樣的社會？**」企業若能展示出他們追求的理想社會樣貌，那麼不僅能贏得員工的支持，還能獲得更多來自合作廠商、消費者的贊同。

一說到企業理念，就讓人想到裝飾在總經理辦公室牆上的標語，員工連看都不看一眼。以往的確曾有過這樣的時代，一方面是因為大家還不了解企業理念的重要性，而且從某些角度來看，當時的企業理念確實很抽象，讓人覺得不過是「畫大餅」罷了。

不過，當企業理念具備「何事」、「如何進行」、「要達成什麼目標」、「要實現怎麼樣的社會」這四大要素時，就變得立體、具象且打動人心，因為它呈現出企業該走的「道」。

❷「天」：展望時代先機

「道」的下一個重點是「天」。所謂的「天」，意指「天時」，換句話說，就是「時代氛圍」的意思。公司經營有時順風順水，有時如逆水行舟。懂得思考「該在什麼時候做什麼事」，可說是團隊領導者的職責。

重點是，經營者要看透時代的「先機」，隨時超前部署，思考「總有一天這樣的時代會來臨，所以我們要趁現在研發這種商品、服務」，如此一來，當順風總算吹起時，我們就能掌握最好的時機，一決勝負。

比方說，「少子高齡化社會」、「從擁有到共享」、「數位轉型」等趨勢，很少人沒聽過，對吧？然而，**真正重要的，是能否搶先看見這些趨勢，並且做好乘勢而起的準備**。也就是要洞燭機先，採取行動，而非跟風趕流行。

對於事業有成的人，常有人評論「他運氣真好，剛好趕上時代趨勢，才發展得這麼順利」。實際上，事業成功絕無所謂的「偶然」。絕大多數的案例，都是經營者或企業為了趕上時代趨勢，而在事前做出完整的計畫，才能成功地跟上趨勢。

❸「地」：你是否已對自家專業領域知之甚詳？

所謂的「地」，指的是地利。換句話說，就是自家企業發展的領域。這個領域是否符合自家企業的資質？有哪些競爭者？還有哪些潛在的發展機會？懂得在跨足某一個事業領域前，確實做好這些分析，是一大重點。

跨足與自己資質不符或競爭過於激烈的領域，或是過於小眾、成長無望的領域，當然成功就會充滿變數。

順帶一提，我們不見得一定要是該領域的「老江湖」。新加入的企業反而能從客觀角度分析市場和自家企業。從這個層面來看，很多成功的案例，的確都是從不同行業跨足新領域的跨界組。比方說，來自金融業的經營者，在迂腐守舊的出版業界大刀闊斧地發揮經營本領等，都是很好的例子。

❹「將」：鞏固優秀的中階主管，串聯經營高層和基層

「將」就是企業裡的管理階層，尤其是中階主管。

外界對於二戰期間的日本，評價是「上薄中厚」。儘管司令等高層的水準普通，但因為中隊長等中階軍官相當優秀，日本才得以和超級強國美國搏鬥到那樣的地步。戰後的日本工商業界也是如此，日本的高度成長，堪稱是一群傑出中階主管帶動之下所創造的成果。

為什麼中階主管必須出類拔萃？因為在企業組織當中，中階主管就等於「支柱」。中階主管處於既能通上，又能連下的位置。換言之，中階主管的職責，就是將基層的資訊呈報給經營高層，並將高層的指示跟命令傳達給基層。換個角度來說，一個缺乏出色中階主管的組織，經營高層和基層同仁就無法齊步向前，更難以實現企業理念。

怎麼樣的人物，才算是優秀的中階主管呢？孫子主張：「將者，智、信、仁、勇、嚴也」—④，這裡就讓我來稍微介紹一下。

•「智」＝智慧

所謂的「智」，就是智慧。智慧的種類很多，比方說想出劃時代的商業模式或商機，為公司帶來高營收的能力，或是卓越的專業能力等。

•「信」＝信任

中階主管必須深獲部屬信任，否則整個部門就會搖搖欲墜。如果企業組織的指揮系統紊亂，在平時或許還無傷大雅，不過，部門一旦發生重大事件，說不定部屬就會分崩離析，跳船叛逃。

•「仁」＝人際網絡

很多譯本都將「仁」翻譯成「關愛」。不過，「仁」的本質，其實在於社會性，也就是人際關係。擁有豐富人脈，能在危難時找到願意伸出援手幫助自己的人，這樣的中階主管，是企業不可多得的靠山。

•「勇」＝勇氣

這裡的勇氣，和「勇猛果敢」的意思有些許不同。中階主管的勇氣，是不論處於怎麼樣的困境，都能保持冷靜，不屈不撓地推動業務，並找出打破僵局的方案，成為部屬眼中的絕佳典範。

•「嚴」＝嚴格

這裡指的是對自己嚴格。「嚴以待人，寬以律己」的中階主管，就連部屬都不願意追隨。「嚴以待人」的中階主管，會遭人唾棄；「嚴以律己」的中階主管，才能受人尊敬，建議您把這個道理放在心上。

❺「法」：擬定組織的規範或守則，並敦促眾人遵守

孫子說過，擬定嚴謹的組織規範或守則，並敦促眾人遵守，至關重要，因為規範是實現企業理念的助力。比方說，如果企業「珍惜員工的人生」，就會聘請諮商師常駐公司，以便隨時回應員工的煩惱。**公司的理念，將會如實反映在公司規範上。**

一九九〇年代後半，我造訪美國矽谷時，對一件事非常訝異：很多公司都沒有辦公室。沒有辦公室，意味著員工可以不受時間限制地工作。此外，當年矽谷其實就已經很流行線上討論。

當下，我心想：「這樣還能算是一間公司嗎？」然而，誠如各位所知，如今遠距工作和線上會議都已是理所當然的常態。以新冠肺炎疫情為契機，如今「走到哪裡都可以工作」的環境，也逐漸發展成熟。既然如此，要員工特地跑到辦公室上班，實在欠缺效率，況且辦公室的租金開銷也很浪費。如果員工在家上班，能讓工作與生活更趨於平衡，說不定還可以增加生產力。

社會上固然還是有許多不適合遠距工作的行業跟公司。不過，如果企業的政策，是希望業務運作更有效率、成本更低，更重視員工在工作與生活上的平衡，那麼，重新評估一套更適合公司的規則，便顯得格外重要。

「不在辦公室裡和大家一起工作，就不叫公司。」我們不必再受這種刻板印象的綑綁。

一個強大的組織，必定具有氣勢。氣勢越盛，越能將戰事帶往有利於己的方向。

從七個面向了解敵我實力，固強補弱，加速企業成長

故校之以計而索其情，曰：主孰有道[⑥]？將孰有能？天地孰得？法令孰行？[⑤]兵眾孰強？士卒孰練？賞罰孰明？吾以此知勝負矣。將聽吾計，用之必勝，留之；將不聽吾計，用之必敗，去之。計利以聽，乃為之勢，以佐其外。勢者，因利而制權也[⑦]。

以「五事」為主軸，找出強化企業體質的重點後，接著，孫子主張要「與對手比較」。而用來比較的七個觀點，就是所謂的「七計」[5]。

讓我們把「與對手比較」的概念，套用到商業經營上來思考。除了「獨一無二」的企業之外，每家公司都免不了與對手競爭。此時，**清楚掌握自家公司在哪些方面勝過競爭對手；哪些方面不如人**，至關重要。因此，發現自己的弱點並不是壞事。有弱點就要補強，有強項就要精益求精，重複這些動作，企業就能持續成長。

就讓我們根據接下來介紹的「七計」，比較一下自家公司和競爭對手的狀況吧！

❶ 主孰有道：君主是否講道義？

若要忠實地翻譯孫子的說法，七計的首計就是「君主是否講道義？[6]」。不過，這裡我們不妨解讀為「企業擬定的企業理念是否吸引人？」。

如前所述，人才會往吸引人的企業理念靠攏。然而，即使企業家胸懷「為社稷與人群奉獻」的凌雲壯志，只要無法用語言完整表達，就沒有說服力，更無法感動人心。因此，企業家的語言表達能力跟演說陳述能力，也是一大關鍵。

❷將孰有能：幹部的能力如何？

前面我們探討過中階主管的職責，這裡要檢視的，則是企業是否擁有出色能幹的「經營主管」。建議您不妨用剛才介紹過的「智、信、仁、勇、嚴」，來檢視公司是否比競爭對手擁有更多具備這五項特質的幹部。

❸天地孰得：氣勢如何？

孫子主張「一個強大的組織，必定具有氣勢。氣勢越盛，越能將戰事帶往有利於己的方向」—⑦。而前述的天時跟地利，是營造氣勢的重要元素。掌握這兩個元素的企業，便充滿積極向前的能量，讓人對它抱持「後勢看漲」的期待。氣勢的重要性，我們會留待第五章〈兵勢〉再詳細探討。

❹法令孰行：有無組織力、凝聚力？

這其實就是前面提過的「是否確實遵守組織規範」。若不遵守該遵循的法律或詳細職務規範等，企業組織就無法發揮原有的實力，只是由個性特質南轅北轍的個人組成的一盤散沙罷了。別忘了確認企業組織是否團結一心。

❺兵眾孰強：中階主管有無膽識？

中階主管需要具備的特質，說穿了，就是面對日常的硬仗跟搏鬥，也能「不逃避、不放棄、不受挫」的堅毅。

❻士卒孰練：一般員工的教育訓練是否完善？

一般員工的教育訓練，是厚植企業堅強實力的一大要素。如果平時缺乏訓練，那麼就算網羅再多資質優越的員工，也只是浪費人才罷了。這時，企業持續提供的訓練機會，便顯得特別重要，絕不能讓員工各憑本事、自求多福。

❼賞罰孰明：有無識人之明？

在企業經營中，這點指的就是薪酬和職稱。企業的薪資水準是否不比競爭對手遜色？能否肯定工作表現傑出的員工，讓他們向上晉升？從員工的角度來看，在一個能獲得更多肯定的組織服務，工作動機當然更加強烈。

在商場上，一味競爭求勝並不高明。懂得和多家企業攜手，彼此通力合作、催生創新，和競爭求勝一樣重要。

看破敵人的詭詐手段，才能立於不敗之地

兵者，詭道也。故能而示之不能，用而示之不用，近而示之遠，遠而示之近。利而誘之，亂而取之，實而備之，強而避之，怒而撓之，卑而驕之，佚而勞之，親而離之。攻其無備，出其不意。此兵家之勝，不可先傳也。

夫未戰而廟算勝者，得算多也；未戰而廟算不勝者，得算少也。多算勝，少算不勝，而況於無算乎？吾以此觀之，勝負見矣。

—⑧

最後，我想介紹〈始計〉的核心，也就是「兵者，詭道也[10]」。「詭」就是欺瞞的意思。孫子主張，要打一場非生即死的仗，「矇騙敵人也是一個很重要的策略」。

不過，單純斷章取義地截取這句話，解讀為「總之就是多用一些奸詐手段，攻其不備」，在現代已不合時宜。在商場上，一味競爭求勝並不高明。懂得和多家企業攜手，彼此通力合作，催生創新，和競爭求勝一樣重要。

這裡我**希望您能把孫子的教誨，當作是「避免受騙上當的重點」，而不是「用來騙人的要點」**。

隨著全球化的發展，我們與各國企業談判的機會也越來越多。其中，中國人的強勢作風早已廣為人知。不過，就我的經驗而言，印度人其實也毫不遜色。要是面對這樣的對手，那麼我們也必須精通欺瞞詭詐之道才行。建議您不妨培養「不論競爭對手玩弄多麼齷齪的手段，都不會輕易上當的頑強體質」。

以下幾點是敵方可能使用的手段，希望您放在心上，當作避免受騙的戒條。

- 其實很有能力，卻裝瘋賣傻，降低我方戒心。
- 引進了最新的器材、設備，卻刻意不曝光。
- 預計將在近期之內推出新商品，卻刻意謊稱「還早得很」，企圖降低我方的戒心。
- 其實沒有任何計畫，卻說「我們會推出很厲害的新商品喔！」
- 故意透露賺錢消息，企圖搶占優勢。
- 「見人說人話，見鬼說鬼話」，企圖擾亂我方。
- 悄悄增強內部實力，卻拚命掩飾。
- 刻意激怒我方，想讓我方失去冷靜。
- 表現得謙恭溫順，降低我方戒心。
- 不斷故意拖延不做結論，想讓我方疲於奔命。
- 跑去找我方友好的公司，散播假訊息，想傷害我方之間的信任。
- 會趁我方疏於防備時進攻。

商場上非生即死，是很殘酷的世界。要把這麼多事都考慮周全，才總算有資格踏上戰場。

第二章 作戰

孫子的提問

崇尚「擴張版圖」，是唯一的經營之道嗎？

對於新創企業或中小企業而言，如今跨足海外市場已成為家常便飯。本章想強調的，是當企業要站在國際舞台上，靠著商業發展克敵制勝之際，很容易忽略一個關鍵，那就是「進軍國際很花錢」這個事實。

孫子說戰爭就是財政，還曾鉅細靡遺地列出開銷數字。他是一個很講求根據的人，提出的數字總是很務實，不會為了表達「金額很高」而列出誇大的數量。當他寫下「需要士兵十萬人」[二-①]、「每日軍費千金[二-②]（約二百五十公克黃金）」，旁人也只能說「確實如此」，不得不接受。

套用在現代商業活動上來說，像是「預估今後A產品的訂單，每年都會成長三〇%，所以請加強生產設備」這種天花亂墜的話，只要沒有根據，就只是畫大餅，毫無討論的價值。能夠提出「〇〇市場每年成長三〇%」、「近期訂單更是持續呈現〇%的成長」等根據，才能討論下去。

孫子在距今兩千五百年前的中國，就已說過「根據很重要」。接著，我們就來向他學習「拓展海外市場」這場仗，究竟該怎麼打？

確保多個收入來源，創造「就算嘗試過後失敗，面臨最糟的結果，也還能勉強撐下去」的環境，才能確保企業能夠專心投入一項事業，不必擔心資金見底。

戰爭即財政，進軍海外要先穩固財政基礎，創造多元收入來源

孫子曰：凡用兵之法，馳車千駟，革車千乘，帶甲十萬[二-①]，千里饋糧，則內外之費，賓客之用，膠漆之材，車甲之奉，日費千金[二-②]，然後十萬之師舉矣。其用戰也，貴勝，久則鈍兵挫銳，攻城則力屈，久暴師則國用不足。夫鈍兵挫銳，屈力殫貨，則諸侯乘其弊而起，雖有智者，不能善其後矣。夫鈍兵挫銳，屈力殫貨，則諸侯乘其弊而起，雖有智者，不能善其後矣。故兵聞拙速，未睹巧之久也。夫兵久而國利者，未之有也。[二-③]

這裡要談的主題是「海外策略」。如果您目前沒有進軍國際市場的規劃，也可以把它當作是在新地點拓展事業的情況。當然，在這個時代，完全不考慮全球市場的經營者，我想恐怕也有點問題。

關於企業的海外策略，孫子留給我們這樣的訊息：

要隨時告誡自己，進軍國際，絕不能用經營國內市場的那一套心態。

「投入千金，卻只換來一句『打了敗仗』，成何體統？就算打了勝仗，結果不斷膨脹的軍費壓迫到國家財政，可就得不償失了。必須盡可能撙節開支，並且讓戰爭在短期內落幕。」二—③

簡而言之，就是要「避免在人生地不熟的海外長期抗戰」。

員工光是停留海外就會產生開銷，況且持續住在飯店，也會造成精神的消耗。在這樣的狀態下，即使我們的商業模式多麼出類拔萃，產品跟服務多麼吸引人，恐怕在正式與競爭對手較量之前，勝負就已經底定了。

如果更進一步解讀這段話，就會得到以下的結論：「想進軍國際市場，先奠定穩固的財政基礎再說。」這個觀念，再怎麼強調都不為過。二戰時期的日本，正是最好的負面教材。

太平洋戰爭期間的日軍，完全不懂「戰爭即財政」的道理。明明當時各種證據都已清楚顯示日軍毫無勝算，但是，只要受到民眾批評「軍方太軟弱了！為什麼不敢打仗？」日軍總是會出戰，並且「相信一定會有神風吹起」。這種作戰方法，根本只是民粹驅使下的行動，毫無根據可言。

當代的經營者，必須引以為鑑。經營者的行動要有根據，不能受痴心妄想或民粹驅使。即使被員工批評「總經理太軟弱了！為什麼不敢挑戰？」經營者也要秉持理性，好言相勸。

那麼，究竟該怎麼做，才能奠定穩固的財政基礎呢？比方說「創造多個收入來源」就是一個方法。

舉例來說，企業可以考慮這些收入來源：

- 商品或服務的銷售收入
- 智慧財產授權收入

- 商品維修收入
- 商品、服務的銷售輔導收入
- 兌換盈益（匯兌差額）

確保多個收入來源，創造「就算嘗試過後失敗，面臨最糟的結果，也還能勉強撐下去」的環境，才能確保企業能夠專心投入一項事業，不必擔心資金見底。不過，要兼顧本業，又要走向國際，還要發展副業，企業應該沒有餘力面面俱到，倒不如思考該如何將本業發揮得淋漓盡致。

經營戰略05

一旦開戰，即使尚未完全準備妥當，也要傾全力在首戰搶下勝利，並掌握主導權，在短期內結束戰事。

發展海外市場，要速戰速決

其用戰也，貴勝，久則鈍兵挫銳，攻城則力屈，久暴師則國用不足。夫[二一③]鈍兵挫銳，屈力殫貨，則諸侯乘其弊而起，雖有智者，不能善其後矣。故兵聞拙速[二一④]，未睹巧之久也。夫兵久而國利者，未之有也。

我再次強調，一旦跨足國際市場，絕對要避免長期抗戰。戰線一拉長，前線成員的士氣就會委靡渙散，開銷也會不斷增加。有些競爭對手甚至還會看準這個時機，大舉進攻，這種案例其實並不罕見。

例如，A公司艱難地拓展國際市場，最終似乎仍面臨撤出海外的局面。眼尖的B公司發現了這件事，便跳出來搶下A公司的市場……投入人力、財力，耕耘多時的市場，就這樣被競爭對手不費吹灰之力地搶走，實在讓人太不甘心了。

因此，**發展海外事業的金科玉律，就是「速戰速決」**。

孫子使用「拙速」[二-④]一詞，來表達這一點。不知為什麼，「拙速」一詞在日文中，竟用來表示「在準備不足的情況下匆促開始」的意思。這其實是運用訛誤。崇尚「不戰而勝」，個性深謀遠慮的孫子，不可能說出如此不智的話。

「拙速」的真正意涵，是指一旦開戰，即使尚未完全準備妥當，也要傾全力在首戰搶下勝利，並掌握主導權，在短期內結束戰事。萬一進入長期抗戰，只要能將一場戰役，化為「連續的速戰速決」即可。

從戰爭的例子來看，握有主導權的一方具有絕對優勢，因為在勝利之際，就可發動停戰講和，比方說，請出有力的第三國仲裁爭端。當年日俄戰爭的停戰，就是由美國出面斡旋。而這個概念，也適用於商場。

滿腦子只想著如何勝利模式，萬一發展不如預期時，我們會出奇地脆弱。了解失敗的模式並事先避免，其實跟思考如何勝利一樣重要。

預想「失敗的情況及原因」，比思考怎麼打勝仗更重要

「故不盡知用兵之害者，則不能盡知用兵之利也。二—⑤ 善用兵者，役不再籍，糧不三載；取用於國，因糧於敵，故軍食可足也。」

以上這段內容，介紹了企業跨足國際市場時的注意事項：公司財政體質虛弱時，切勿發動戰爭；淪為長期抗戰的戰役注定落敗；不做沒有根據的判斷。這裡我們要留意一件事：就比例而言，**孫子的論述，側重的並非「怎麼做才能克敵制勝」，而是「什麼情況下會打敗仗」**。

孫子寫道：「作戰時，我們往往只想著打勝仗的方法。其實，了解『什麼情況下會打敗仗』，至關重要，因為先了解自己的不利之處，才能擬定出有利的作戰策略。」二—⑤滿腦子只想著如何勝利，萬一發展不如預期時，我們會出奇地脆弱。了解失敗的模式並事先避免，其實跟思考如何勝利一樣重要。

此外，《孫子兵法》的這段文字，還有另一種解讀方法，希望您特別留意，那就是**面對海外企業進軍日本時的準備**。明白速戰速決的必要性，又能抱著必死決心在異鄉攻城掠地的外商公司，實力都非常堅強。然而，一旦無法成功旗開得勝，主導權被敵方掌握的話，要再次奪回的難度就相當高。

「只有日本企業，才能了解日本人的喜好和價值觀！」抱持這種悠哉想法的企業，一定會嘗到挫敗的苦果。早期，製造業是日本的看家本領，後來日本卻敗給了中國跟韓國製造商，此外，日商在資訊領域也逐漸被ＧＡＦＡ搶去龍頭地位……從這些例子當中，不是也能清楚地看出這個道理嗎？

當年蘋果發表iPhone時，也是如此。當日本的行動電話製造商，還輕敵地認為「iPhone根本不是我們的對手」之際，智慧型手機市場已應運而生，而功能型手機（傳統手機）早已逐漸成為過去式。

在〈始計〉的最後，有一句「所謂的戰略，就是欺瞞他人」。有些人解讀為「孫子這是在教導我們欺敵騙人的技巧」，但這恐怕是妄下論斷。

孫子所教授的內容，其實是要我們「學習不上當的戰略」。也就是說，我們要把自己鍛鍊到能夠欺騙他人的水準，否則很容易受騙。

同樣地，**我們必須先明白搶攻國際市場的方法，否則就無法迎擊那些搶進國內市場的外商公司**。這一點，希望您務必牢記。

經營戰略07

越來越多公司主張「刻意不擴大規模」，崇尚規模適中，容易掌控即可。他們要發展的不是全球化，而是以積極在地化為職志，力圖在有限的地域內完成整個商業流程，與在地民眾進行更密切的溝通，追求共存共榮。

「刻意不擴張版圖」也是一種戰略

假如孫子在世，恐怕不只會停止海外事業，他還會說：「如果財政上很勉強，那乾脆就別打什麼仗了。」

如果我們問當代的經營者：「情況是不是很勉強？」他們當然會回答：「一點都不勉強。」但真相究竟如何？我們就不得而知了。不過我認為，經營者給出這樣的答案，背後的想法應該是「公司有擴大版圖、成長茁壯的義務。如果不這麼做，經營狀態就無法穩定，事業也無法繼續營運下去」或「既然要追求擴大版圖、成長茁壯，稍微勉強一點也是應該的」等等。

不過，**企業「不擴大版圖，經營狀態就不穩定」**嗎？這是一個呼應永續經營概念的應時提問。

追求擴大版圖、成長茁壯的資本主義，推動了鋪天蓋地的全球化。這個趨勢，的確為許多人帶來物質上的富裕。相對地，環境破壞、貧富差距擴大等諸多弊病，也應運而生。

而永續經營正是為了導正這些弊病，所發展出來的行動之一。在商業上，也出現一股新的潮流，有些企業不再以物質富裕至上，相形之下，他們更追求精神上的充實。也有企業不再一味擴大規模，而是以在地深耕型的活動為目標，擴大版圖已不再是唯一的正確答案。

越來越多公司主張「**刻意不擴大規模**」，崇尚規模適中，容易掌控即可。他們要發展的不是全球化，而是以積極在地化為職志，力圖在有限的地域內完成整個商業流程，與在地民眾進行更密切的溝通，追求共存共榮。

採取腳踏實地的經營以維持穩定營運，這個模式不也是一種可行之道嗎？在地方鄉親的支持下生存的充實，難道不也是一個選項嗎？

孫子的哲學，彷彿正在對生於現代社會的你我，提出如此的主張。

《第三章》

謀攻。

孫子的提問

「沒有必勝的把握，就不輕易開戰」，
您能這麼果決嗎？

誠如各位所知，孫子主張「不戰而勝」[三-①]，說穿了就是要大家「別打仗」。這個論點，正是《孫子兵法》和西方戰略理論最決定性的差異。在孫子眼中，就連「百戰百勝」都不是值得讚譽的事。

為什麼這麼說呢？因為不論誰勝誰負，都會有人受傷或累得人仰馬翻，需要花費很大的勞力，才能復元。

所謂的新創企業，在人力和財力上都不如大企業，所以不該輕啟戰端，如果不用較量就獲勝，更是再好不過。因此，以不會受到任何對手威脅的「獨門生意」為目標，或是不求擴大版圖，以貢獻在地社會為職志，都不失為一個選項。

況且，人類本來就是偏好「輕鬆過活」的生物。正因為想要輕鬆過活，所以人類不斷運用各種創意巧思，發明出工業設備和人工智慧，代替人力勞動。可以說，人類的歷史就是如此的歷程。孫子的「不戰而勝」，或許也可以算是這方面的努力。

該如何避免戰爭？又該怎麼做才能「不戰而勝」？關鍵在於盡快讓對手失去戰意，鬆口說出「甘拜下風」、「我願拱手讓出勝利」。

城池本來就是為了「守」而打造的建築，很難攻陷。城池就是競爭對手專精的領域，也就是主城。刻意攻打對方最固若金湯的部分，簡直愚蠢至極。與其如此，還不如開拓一個有機會做「獨門生意」的新市場，才是更高明的選擇。

最大的勝利是不戰而勝

孫子曰：凡用兵之法，全國為上，破國次之；全軍為上，破軍次之；全旅為上，破旅次之；全卒為上，破卒次之；全伍為上，破伍次之。是故百戰百勝，非善之善者也；不戰而屈人之兵，善之善者也[三-①]。故上兵伐謀，其次伐交，其次伐兵，其下攻城[三-②]。

究竟該怎麼做才能不戰而勝呢？孫子提出了四種作戰模式[三—②]。

❶靠資訊戰獲勝

首先，競爭對手內部，通常會先討論是要和我們的公司對決，或是有其他方案？如果能在這個階段讓對手認為「那家公司很難纏」，就能防止戰爭大患於未然。

具體來說該怎麼做呢？我們要做的是廣告宣傳，對外傳播「我們公司很厲害喔！新商品賣得這麼好喲！」等等，展現我方的堅強實力，以阻止對方公司投入市場競爭。

❷靠談判達成協議

第二點是透過談判來防止對手投入市場競爭。這裡所謂的談判，並不需要親赴對手公司。只要透過資訊戰，製造「那家公司很厲害」的輿論，讓競爭對手認為「這樣我們沒有勝算，轉攻別的市場吧」，主動舉白旗投降即可。

簡而言之，這一點指的就是「不能被對手瞧不起」的概念。要讓對手感到敬畏，而不是看輕你的公司。國與國之間的外交也是一樣。濫好人式的外交，只會被其他國家看輕，進而軟土深掘。讓對手認為我們是個「被惹惱就很可怕」的國家，反而才有助於常保和平。

在這些論述之後，孫子還列舉出「❸討伐敵軍」和「❹進攻城池」這兩種戰法。不過，**這兩者都是「負面案例」，因為都需要「實際調動兵馬，大動干戈」**。

其中又以攻城為最下策。說穿了，城池本來就是為了「守」而打造的建築，很難攻陷。就算真的在攻城之戰中獲勝，恐怕很難避免嚴重的傷亡犧牲。

如果把這個概念套用在商業上，那麼城池就是競爭對手專精的領域，也就是主城。刻意攻打對方最固若金湯的部分，簡直愚蠢至極。與其如此，還不如開拓一個有機會做「獨門生意」的新市場，才是更高明的選擇。

該如何避免淪於經營階層與基層不同步的窘境呢？最基本的因應之道，就是挑選有能力的第一線主管，提拔能力足以讓經營者說出「交給你處理」的人物。而挑出一時之選的人物，並委以重任後，經營者就應該三緘其口。

任用比自己更優秀的部屬，放心將現場業務交給他

「故知勝有五：知可以戰與不可以戰者勝，識眾寡之用者勝，上下同欲者勝，以虞待不虞者勝，將能而君不御者勝[三─③]。此五者，知勝之道也。」

前面我曾提到「不能被對手看輕」。被競爭對手輕視的企業是弱者。那麼，究竟什麼樣的企業容易被人看輕呢？

如果舉一個例子，我會說是公司經營者和第一線主管意見不一致的企業。所謂的第一線主管，指的是協理層級的中階主管。

依照孫子的理論，公司經營者應該把第一線主管當作自己的左右手，並且將第一線的業務，放手交給他們。如果企業組織的規模，還在一位經營者可以掌控的範圍內，那麼另當別論。然而，組織越龐大，總經理和協理的溝通就越容易出現問題，導致協理的行動與總經理的想法有落差。

當協理與經營高層的想法出現歧異時，受害最深的，莫過於基層員工了。即使總經理顯然對基層的情況不甚了解，言論皆出於揣測，他仍握有絕對的權限，於是可憐的基層員工，就只能對總經理的意見照單全收。然而，如果員工在工作上經常因此被迫「重來」的話，士氣也會一路下挫，最後導致整個企業組織分崩離析。

例如，在第二次世界大戰期間造成約三萬名日軍將士陣亡的英帕爾戰役（Battle of Imphal），就是因為高層過度輕忽前線狀況所引發的悲劇。孫子正是對這種現象提出警告。

公司上下是否團結一心，其實一看就知道。而競爭對手想必也會看準這種公司上下階級步調不統一，「現在可以打得贏」的時機，積極進攻。

該如何避免淪於經營階層與基層不同步的窘境呢？

最基本的因應之道，就是挑選有能力的第一線主管，提拔能力足以讓經營者說出「交給你處理」的人物。而挑出一時之選的人物，並委以重任後，經營者就應該三緘其口。相傳日俄戰爭期間的滿洲軍總司令大山巖，也是一個只會說「哦，很好，很好」的長官。

說得極端一點，總經理必須懂得「任用比自己更優秀的人當部屬」。

身為企業組織的首長，身旁卻有比自己更優秀的部下，或許會讓人感到自尊心受損。不過，優秀的總經理，和優秀的第一線主管，在內涵上本來就不一樣。**管理第一線業務的主管，不一定適合當總經理；而總經理也不一定適合擔任管理第一線業務的主管。**

部屬比自己更優秀，總經理才敢放心把業務交給他。孫子說「第一線的事，就交給第一線的主管去處理」[三—③]，當中其實也隱含著「任用值得託付的中階主管」的訊息。

經營戰略10

「知己知彼，百戰不殆。」這句話的意思正是：「打仗其實是資訊戰。」

商場致勝的五大戰備原則

三一④
故知勝有五：知可以戰與不可以戰者勝，識眾寡之用者勝，上下同欲者勝，以虞待不虞者勝，將能而君不御者勝。此五者，知勝之道也。

故曰：知彼知己，百戰不殆（三一⑤）；不知彼而知己，一勝一負；不知彼不知己，每戰必殆。

在〈謀攻〉的最後，孫子提出「致勝的五大原則[三-④]」，套用在經營的角度就是以下五點：

❶經營者清楚了解自家企業該不該跨足某一市場。

❷經營者明白大軍和小隊分別該如何調度。

❸經營者能和部屬團結一致。

❹經營者能為自己做好萬全準備，並且讓對手措手不及。

❺經營者懂得下放權限給第一線主管。

此外，孫子還以這一句經典名言，為〈謀攻〉畫下句點：

「知己知彼，百戰不殆。[三-⑤]」這句話的意思正是：「打仗其實是資訊戰。」

如果我們再從「不戰而勝」的角度來思考，那麼商業活動更是一種資訊戰。企業除了擁有一般員工組成的團隊推動實務，還必須擁有一支同等規模的資訊團隊，才能在資訊戰當中勝過競爭對手。

如此一來，企業就能夠事先鉅細靡遺地調查市場與顧客的特質，然後輕鬆得勝。到了這個階段，「百戰百勝」才總算有望成真。

第四章

軍形。

孫子的提問

您的準備是否達到「還沒開戰就已獲勝」的狀態？

在〈軍形〉當中，孫子要傳達的訊息是「不敗，比贏更重要」。所謂的對決較量，畢竟還是有「對手」這個變數存在，不論我們再怎麼努力奮鬥、發揮巧思，結果都無法盡如己意。儘管我們拚命預測對手的動向，但現實中卻總是一再出現「意外的發展」。

不過，如果轉而追求「不敗」的自己，那就盡其在我了。所以孫子才會大力宣揚「打造不敗的自己」。然而實際上，許多經營者卻都反其道而行，一心只想著主動進攻「贏」過對手。其實，孫子反而主張應該「先加強防禦」。在組織經營上，只要加強防禦，敵人就無法獲勝。換言之，我們就可以做到「不敗的經營」。

那麼，究竟什麼是「不敗的經營」呢？一言以蔽之，其實就是「充實企業的內在」，也就是我們在〈始計〉探討過的「五事七計」。請您重新回歸「五事七計」，先努力提升自家公司的實力，別在意能否戰勝敵軍。

經營戰略11

「防禦是最強的攻擊」。充實內在，就能同時提升企業的攻擊力。如此一來，敵方說不定會嚇得膽戰心驚，覺得「一旦雙方開戰，情況恐怕非同小可」，進而選擇避戰。

防禦是最強的攻擊，請等到敵人露出破綻時再一舉進攻

古之所謂善戰者，勝於易勝者也。故善戰者之勝也，無智名，無勇功。故其戰勝不忒。不忒者，其所措必勝，勝已敗者也。故善戰者，立於不敗之地，而不失敵之敗也。四-①是故勝兵先勝而後求戰，敗兵先戰而後求勝。善用兵者，修道而保法，故能為勝敗之政。

不過，請您特別留意：孫子這一段話的意思，並不是鼓勵大家「只要落實防禦即可」。

如果想要立於不敗之地，加強防禦固然重要。可是，若不**伺機轉守為攻**，戰線就會不斷地拉長，違背孫子「盡可能不輕啟戰端，不主動開戰，不長期抗戰」這項基本戰略思維。

在本篇中，孫子是這麼說的：

「善於作戰者，不只要加強防禦，還要穩紮穩打地加強戰力，並看準敵方鬆懈破口，傾力猛攻，不能因為敵人的存在而分心。（四—①）」

我認為，這段話可以解讀為「防禦是最強的攻擊」。充實內在，就能同時提升企業的攻擊力。如此一來，敵方說不定會嚇得膽戰心驚，覺得「一旦雙方開戰，情況恐怕非同小可」，進而選擇避戰。縱然敵方展開攻擊，只要我方做好「不敗」的萬全準備，就不必著急，只要靜待對方露出破綻即可。我們就只要**守候最佳時機出現，以便淋漓盡致地發揮鍛鍊多時的攻擊力**。

我舉一個最簡單易懂的案例，就是越南南方民族解放陣線在越戰（約一九五五到一九七五年）期間所採取的戰術。這支軍隊俗稱「越共」，面對戰力令人望塵莫及的美軍，卻打出了一場力保「不敗」的戰役，最後在越戰中贏得勝利。

尤其讓美軍傷透腦筋的，就是越共的游擊戰。平時，越共的士兵都潛伏在密如蛛網的地下通道。當他們接收到暗號而鑽出地面時，看在美軍眼中，簡直就像是「大軍突然憑空出現」似的。這些士兵還會假扮成耕田的農民，趁美軍鬆懈時，發動突襲。

越南被譽為「史上唯一戰勝美國」的國家，同時也是歷史上最懂得巧妙運用《孫子兵法》的國家。我們也應該向越南多多學習。

我們要做足準備，讓獲勝看來就像家常便飯。事先做好萬全的準備，營造「彷彿已經勝券在握」的狀態，才踏上戰場。

沒做好萬全準備，絕不踏上戰場

見勝不過眾人之所知，非善之善者也[四—②]；戰勝而天下曰善，非善之善者也。故舉秋毫不為多力，見日月不為明目，聞雷霆不為聰耳[四—④]。古之所謂善戰者，勝於易勝者也。故善戰者之勝也，無智名，無勇功。故其戰勝不忒。不忒者，其所措必勝，勝已敗者也。故善戰者，立於不敗之地，而不失敵之敗也。是故勝兵先勝而後求戰[四—③]，敗兵先戰而後求勝。

「希望大家別再稱讚飛撲接球。」我一直記得前大聯盟球星鈴木一朗曾說過這句話。根據他的說法，飛撲接球其實是因為追球時的目測失準，所以才不得不飛撲，是一件丟臉的事。他反而希望大家可以在他看似輕鬆地接殺小飛球時，多給予一些肯定。因為這樣的身手表現，證明了他目測的距離十分精準。

聽了鈴木一朗的這段話之後，我認為他簡直是孫子再世。孫子認為，許多人在場見證，並且讓人深受感動的戲劇性勝利，並不是最理想的結果。[四－②]形容為「讓人深受感動的戲劇性勝利」，就表示贏得「很驚險」。觀眾或許會覺得看得很過癮，但這實在稱不上是「贏得漂亮」。換言之，它並不是「不敗」的戰法。

經營者應該以「贏得理所當然」及「輕鬆取勝」的表現為傲，而不是以驚險美技自豪。孫子在作品中使用「先勝而後戰[四－③]」這個獨特的描述。簡而言之，他的意思是我們要做足準備，讓獲勝看來就像家常便飯。**事先做好萬全的準備，營造「彷彿已經勝券在握」的狀態，才踏上戰場。**

雖然是微不足道的小事，不過我有一個習慣，那就是在開會討論或協商談判時，總是確保自己最早到場。不論當天談論什麼話題，討論的順序如何，我都會一再沙盤推演，抱著「我已經獲勝」的心態，在現場等待對方的到來。

既然是專業人士，**最好具備「以受人稱讚為恥」的心態**。至於到處宣傳自己「好辛苦、很拚命」之類的舉動，只是更加彰顯自己的準備不周，並不專業。以下這些孫子的論述，其實也可解讀為我們必須戒之、慎之的金玉良言。

「只不過是舉起一根頭髮，稱不上是大力士吧？」
「只不過是看到太陽、月亮，稱不上是千里眼吧？」
「只不過是聽見雷聲，稱不上是順風耳吧？」
四—④

經營戰略13

經濟活動有一套「轉型、成長、穩定」的循環。舉一個簡單的例子，明治維新就是一個時代的轉型期；而日本在第二次世界大戰中戰敗，也迎來了另一個轉型期。競爭的勝敗，取決於我們如何迎接轉型期。

大轉型時代，擁有「新願景」才能勝出

那麼，活在現代社會的經營者，究竟該做好什麼準備呢？

在這裡，我們要先稍微跳脫《孫子兵法》。我想再次強調的是：如今，我們正面臨時代的轉型期。只有以準備萬全的狀態，從容迎接轉型期的人，才能在即將到來的新時代裡，跑在最前面。

經濟活動有一套「轉型、成長、穩定」的循環。舉一個簡單的例子，明治維新就是一個時代的轉型期；而日本在第二次世界大戰中戰敗，也迎來了另一個轉型期。**競爭的勝敗，取**

決於我們如何迎接轉型期。唯有順利跨越轉型期的國家和企業，才能摘下後續豐碩的成長果實。

讓我們來看幾個成功跨越轉型期的實際案例。

提到明治時期這個轉型期的成功人士，就會想到曾參與逾五百家企業經營，被譽為「日本資本主義之父」的澀澤榮一。此外，岩崎彌太郎所創辦的三菱財團、大倉喜八郎創設的大倉財團，以及安田善次郎創建的安田財團等，這些仍存在現代社會的大財團，也都是從當時一脈相承而來。

那麼，澀澤榮一在轉型期間做了什麼事？他創設了日本第一間鐵路公司，也成立海運公司。此外，他還設立了有別於既往日本驛站的現代西式飯店——帝國飯店。這些都是偉大的功勛。

其中最讓我感到驚嘆的，是他竟然洞悉到「今後將是銷售『無形商品』的時代」這個趨勢。在此之前，日本的商業活動，都是銷售看得見的有形商品。不過澀澤認為，**今後會成長的，是販賣精神價值，而非依靠產品物質價值的產業**。

最能反映這個觀念的創舉，就是他成立了「東京海上保險公司」，提供一筆資金，好讓民眾在發生事故或不測時，填補意外的財務開銷，不必為錢發愁。也就是透過這個方式，為民眾提供一份安心、安全感。「無形商品的商機，成長可期」，澀澤榮一很早就察覺到這一點。

從銷售物質商品的時代，轉型到銷售精神價值的商業活動，這股大勢持續至現在。如果我們把焦點轉向更大的時代潮流，那就更不能錯過「從人類到機器，從機器到人工智慧」的轉型趨勢。

始於十八世紀的工業革命，一言以蔽之，就是「**用工業機器取代人力勞動**」**的過程**。這樣的轉型潮流，從工業革命一直延續至今。二十世紀時就有一個很好的例子。不知道還有沒有人記得，早期車站的剪票口，都有站務員站在一旁，用剪票鉗在旅客出示的車票上打洞？自一九六〇年代起，各車站陸續裝設自動剪票機；到了一九八七年，日本國鐵公司分割及民營化之後，自動剪票機才正式普及到全國各地。

而現代社會發生的，則是「**用人工智慧或機器人取代人類腦力勞動**」的轉型趨勢。跟不上這一波轉型的企業，注定衰退凋零。如果您是經營者，就必須為即將正式到來的AI社會、機器人社會預作準備，推動技術、事業，甚至是公司本身的轉型。

不過，以上這些論述，並不是鼓勵大家都應該無條件地擁抱新事業跟新技術。這一點，請您特別留意。

此外，企業還有另一個**不可或缺的經營要素，就是「新願景」**。

單就AI事業來看，如今市場上的新創公司已多不勝數。然而，不出兩、三年，它們就會清楚地分出高下。尤其是那些以「使用AI」為目的，標榜「可以用AI做這個、做那個」的事業，將會率先遭遇瓶頸。

而成功的，將是能構想出「我們有這樣的願景，想創造這樣的社會，所以要透過AI技術，做如此這般運用」的經營者。換言之，企業必須先擁有願景。如果能再爭取對願景有共鳴的員工、供應商、投資人和消費者支持，那麼這家企業就可以穩健地成長。

又或者是揚棄西方哲學、資本主義式的經營，不再一味追求發展跟擴張，而是以「事業成長和在地貢獻」均衡、協調的經營為目標，就像主張萬事萬物都有陰、陽的東方哲學一樣。這也堪稱是符合時下潮流的願景，和永續發展目標（Sustainable Development Goals，簡稱SDGs）的理念頗有共通之處。

經營者的工作，包含洞悉時代的未來發展，並事先做好準備。很多人都說，這是一個「劇烈變化的時代」。不過，其實就連時代的變化，都如本章所述，有著一定的方向性。

既然如此，那我們一定可以預作準備。別任憑這些變化擺布，及早未雨綢繆，才能在轉型期過後，把握隨之而來的成長期商機。

【第五章】

兵勢。

孫子的提問

您能不加思索地說出「公司的機會就在這裡」嗎？

「那家新創公司的聲勢，還真是如日中天啊！」

「這家大企業，已經失去昔日的氣勢了。」

有時我們會用諸如此類的說法，描述企業成長性或發展潛力。一聽到「氣勢」，或許會有人緊張起來，擔心我是不是要談一些虛無縹緲的精神論。

不過，當我們踏進那些氣勢如虹的企業辦公室或工廠時，彷彿可以立即感覺到一股熱風似的氣息撲面而來，職場裡充滿正能量的企業，即使規模再小，但總能夠讓人感受到：「這家公司接下來一定會成長」，這就是公司氣勢的體現。

當同業之間的產品或服務品質大同小異，但彼此的營收和辨識度卻天差地遠時，其中的原因，肯定是氣勢的問題了。

孫子也十分重視氣勢，甚至還提出「氣勢如虹的人最為強大」的觀點，流傳迄今。

不過，我們更應該向孫子學習的，恐怕是「人人都能自己造『勢』」的觀念。

壓境大軍經常出現「難以管理，容易淪為一盤散沙」的問題。相形之下，將軍隊拆成幾支精兵，分別指揮調度，部隊的應變更快速，行動也更靈活。

分散戰力，先從局部取勝

五一①

孫子曰：凡治眾如治寡，分數是也；鬥眾如鬥寡，形名是也；三軍之眾，可使必受敵而無敗者，奇正是也；兵之所加，如以碫投卵者，虛實是也。

究竟該如何創造出氣勢呢？孫子列舉了「分數」、「形名」和「奇正」[五—①]這三大要點。

所謂的「**分數**」，是指將一個大組織編組成好幾個小團隊。上戰場時，一般人往往認為壓境大軍比精銳小部隊更強大。但其實不管是打仗，或是企業的經營管理，情況都沒有那麼簡單。

為什麼這麼說呢？因為壓境大軍經常出現「難以管理，容易淪為一盤散沙」的問題。相形之下，將軍隊拆成幾支精兵，分別指揮調度，部隊的應變更快速，行動也更靈活。

「**形名**」當中的「形」，是指鐘鼓跟旌旗，「名」則是號令。孫子那個年代的軍隊，打仗時經常敲鑼打鼓，讓敵方面對我軍時誤以為是大軍壓境。

若把這個概念套用在商業上，那麼，敲鑼打鼓應該就相當於公關宣傳。企業要大打廣告，還要積極安排宣傳活動。這麼做有時不見得可以直接帶動銷售，但企業仍可祭出一些單純為了營造氣勢的策略。如果能因此而讓競爭對手膽怯，心想「那家公司真是聲勢浩大，我們可能贏不了」，那就太棒了。

接下來，我將介紹一個企業的小故事，當中完美地體現了「分數」和「形名」的概念。

這是發生在日本麒麟（KIRIN）啤酒高知分公司的故事。麒麟和朝日（ASAHI）這兩家公司，在啤酒業界是死對頭。不過，自從朝日啤酒的熱銷商品「SUPER DRY」問世之後，麒麟多年來便一直處於望塵莫及的狀態。

而這場啤酒大戰的戰場，就在麒麟啤酒的高知分公司。田村潤調職到這裡擔任分公司總經理，並且打算從高知分公司開始反攻，翻轉目前的劣勢。

通常，傳單和展示用品等廣告資材，是由位在東京的總公司寄送給各營業處。換言之，全國各地都使用公版的宣傳道具。如此一來，麒麟公司和其他競爭者的氣勢落差，將毫不保留地攤在陽光下。

於是，高知分公司製作了一些高知專屬的「手工海報」，海報上的廣告詞，也改成當地的土佐方言。結果，成品一看就是出自外行人之手的樸拙海報，受到總公司抱怨並且要求他們「別亂搞」。沒想到，高知人看到這些海報時竟然很開心。

麒麟總算先在高知縣轄區贏過了朝日。儘管只是小小的勝利，但已足堪成為麒麟乘勢而起的一大契機。後來，麒麟又用同樣的手法，在整個四國地區大獲全勝，接著又在近畿地區打了勝仗……麒麟每在一個地區超越對手，氣勢就更加旺盛，最後這股氣勢甚至蔓延到全國各地。

原本這並不是「**公司vs公司**」的對抗，只是「**分公司vs分公司」之間點燃的競爭戰火**，後來卻發展成各地營業處紛紛祭出獨家宣傳奇招。麒麟先以「分數」取勝，接著又靠「形名」獲勝，最後終於從朝日啤酒手中，成功地搶回了龍頭寶座。

知名經營者等級的人物，口袋裡總會有取之不盡的方案。即使遭遇不如意的情況，也會繼續奮戰下去，絕不輕言放棄。

基本戰略與應變能力兼備，隨機變換招式削弱對手精力

凡戰者，以正合，以奇勝。故善出奇者，無窮如天地，不竭如江海。五－②終而復始，日月是也。死而復生，四時是也。五－③聲不過五，五聲之變，不可勝聽也。色不過五，五色之變，不可勝觀也；味不過五，五味之變，不可勝嘗也；五－④戰勢不過奇正，奇正之變，不可勝窮也。奇正相生，如循環之無端，孰能窮之哉？

營造氣勢的第三個要點，就是「**奇正**」。所謂的奇正，指的是「奇招」和「常規作戰」，或者也可說是「變化型態」和「基本型態」。

對決總是先從正面交鋒（常規作戰）開始，接著再尋求變化（奇招）。這個道理，在柔道跟劍道等比賽當中也一樣。之後，雙方又會再**從正到奇、從奇到正，祭出五花八門的變化攻勢，不會只固守一套戰法**。

成龍在武打電影裡展示許多變化自如的戰法，就是很好的範例。我們以為他要飛撲，結果他竟蹲下來絆倒對方的腳；以為他要赤手空拳地打架，結果他竟揮起了武器……每隔幾秒鐘就變換一次招數，令人眼花撩亂。

企業經營也是如此。就算每一步都照理論出招，這些進攻都無法成為致命一擊，常規作戰和奇招必須兩者搭配運用才行。

尤其是新商品或服務，**上市的前三個月是關鍵**。企業必須使出所有可能的方法，例如送贈品或回饋點數等，衝刺營收成長的速度。如此一來，營收就能展現漲勢。

關於「奇正必須變化多端、令人眼花撩亂」這一點，孫子如此描述：

「使出各式常規作戰與奇招，如天地般無窮無盡，又如大河之水般取用不竭。[五—②]」

「如日昇日落，又如月之盈虧，亦如萬物應四時生生不息般，不斷循環。[五—③]」

常規作戰與奇招，即使只以這兩個元素搭配運用，也能創造出無限的變化。如果借用孫子的話來說，就是：「口味的組成要素，只有酸、辣、鹹、甜、苦這五種，但由它們排列組合出來的滋味，不是多得讓人品嘗不盡嗎？[五—④]」

A方法要是行不通，那就換B；B方法要是行不通，再改用C……知名經營者等級的人物，口袋裡總會有取之不盡的方案。即使遭遇不如意的情況，也會繼續奮戰下去，絕不輕言放棄。

久而久之，競爭對手也會逐漸衰弱，而我方則開始在零星戰役中得勝，員工也開始萌生奮戰的念頭，團隊主管就該如此為公司營造氣勢。

索尼（SONY）的共同創辦人盛田昭夫與客戶談生意時，會帶著基層業務員列席，讓他們學習業務推廣的訣竅，並且親身體驗談妥一筆大生意時的峰迴路轉和感動，使他們萌生「我也想自己試試看」的心態。這就是經營者為公司營造氣勢的典範。

鍛鍊部屬的最佳方式，是引導他們主動挑戰

故善戰者，求之於勢，不責於人，故能擇人而任勢。五—⑤任勢者，其戰人也，如轉木石。木石之性，安則靜，危則動，方則止，圓則行。五—⑥故善戰人之勢，如轉圓石於千仞之山者，勢也。

孫子曾經說過：

「勝利來自於氣勢，不能仰賴個人的勇氣或能力。」五—⑤

希望經營者將這句話銘記在心。不論在任何情況下，都要避免責備部屬，只要想著該如何為公司營造氣勢即可。只要公司氣勢壯盛，處於「人人願意相信一切都會順利，並用心投入業務」的狀態，那麼員工的眼神也會逐漸出現變化。到時候，他們將會大膽地挑戰自己的工作，不必等待主管下達指令。

這樣的企業，會成為「員工都能獨立行動」的組織，就和我在本書中提倡的「人人都是創業家」這個概念一樣。

「木頭或石頭不會在平坦處滾動；然而一旦放在陡坡上，它們就會猛烈地滾動起來。」五—⑥

那麼，究竟該怎麼做，才能讓員工自己行動起來呢？在現實生活中，您所看到的員工，或許大多完全相反。比方說，您身邊有沒有缺乏行動力的業務員？明明業務員的工作，就是在外到處拜訪、爭取訂單，結果公司聲勢稍顯頹靡，這些業務員就只想留在辦公室處理行政作業，還說「跑業務好痛苦、很操勞」。如果業務部老是有八成左右的人員待在公司裡，公司當然無法獲利。

我有一個妙計，那就是**讓員工們心生「練了一身功夫，想出去試試身手」的想法**。

體育賽事就是一個很好的例子。在經過嚴格的練習之後，選手們都希望在比賽中試試身手。越是表現出色的選手，就越想與他人較量，甚至還會認為「一直訓練，卻不能上場比賽，簡直無聊透頂」。

業務員也是一樣。只要讓平常非常抗拒跑外務的業務員，擬妥有把握「這麼做一定能贏」的業務推廣策略，並做好準備，他們就會想要嘗試執行看看。

說個題外話。索尼（SONY）的共同創辦人盛田昭夫，早期一直都是公司的金牌業務員。他與客戶談生意時，會帶著基層業務員列席，讓他們學習業務推廣的訣竅，並且親身體驗談妥一筆大生意時的峰迴路轉和感動，使他們萌生「我也想自己試試看」的心態。這就是經營者為公司營造氣勢的典範。

我們必須體認「如果這些時機到來，就是機會」，並且隨時做好具體的想像與準備，必要時才能立刻撲向前去。如果還要等到時刻來臨，才去想眼前的是不是機會？一切就太晚了。

預想「我的機會是什麼？」把握機會，集中火力出擊

激水之疾，至於漂石者，勢也；鷙鳥之疾，至於毀折者，節也。故善戰者，其勢險，其節短。勢如彍弩，節如發機。
五—⑦

《孫子兵法》當中有這樣的一句話：「鷙鳥之疾，至於毀折者，節也。」[五—⑦]

這句話描述的是鷲、鷹等猛禽在天空翱翔時，一看到小鳥之類的獵物，就會迅速降落，瞬間擊碎小鳥的背脊。瞬間爆發的猛烈氣勢，力量就是如此驚人。

不過，能一舉擊碎脊骨，必須瞄準「節點」，並將力量集中於此。在商業經營上，同樣有發現「節點」的瞬間，也就是「機會就在那裡，快趁現在出手！」的時機。孫子的這段話，就是要我們把所有力量傾注在這一點上。

因為企管顧問工作的關係，我和時尚業界經常往來，而「節點」在這個業界尤其重要。當店裡門庭若市，收銀機整天忙個不停時，業者更需要思考該如何營造更旺盛的氣勢。舉凡電視廣告曝光、平面廣告投放，或是舉辦特別的時裝秀……什麼方法都好，就是不要錯失時機，必須大手筆地投入資金「造勢」，並在這時徹底打敗對手。否則就算公司暫時成長到理想狀態，但衰退也只是時間早晚的問題而已。

當「快趁現在出手！」的時機來到，也就是所謂的「機會」降臨時，經營者的工作就是好好地把握。希臘神話裡有一句話：「**機會之神只有前額的瀏海。**」我們只能耐心等候，並在機會來臨時抓住它。要是機會已經到來，我們才發覺它的存在，這時就算從後方追趕，恐怕也已經抓不到它了。所以人們才會說「機會的後腦杓上沒有頭髮」。（編按：希臘神話中的機會之神只有前額長著頭髮，後腦杓則是禿頭。）

《孫子兵法》中的這句話，正是要我們靜待機會。而這段話還有另一種解讀，那就是**要隨時想清楚「我的機會究竟是什麼？」**

「要是有這樣的事找上門……」
「要是這種趨勢在社會上流行起來……」
「如果這個產業成長……」
「如果電車車廂裡有一、兩個這樣的人……」

像這樣，我們必須體認「如果這些時機到來，就是機會」，並且隨時做好具體的想像與準備，必要時才能立刻撲向前去。如果還要等到時刻來臨，才去想眼前的是不是機會？一切就太晚了。

實際上，只有極少數的經營者對於「哪些是自家公司的機會？」知之甚詳。所以現在企業家來找我諮詢時，**我一定會先問他：「您心目中的機會是什麼？」**而在諮詢過後成功提振公司業績的人，都是能不加思索地回答這個問題的企業家。

有的人看著機會白白溜走，有的人則懂得抓住機會。這個差異，就是引領你我邁向成功或失敗的岔路口。

松下幸之助就曾說：「景氣好，非常好；景氣差，更不錯。」因為不景氣時，經營者才更能趁機整頓公司。

景氣衰退時，正是整頓公司內部的好時機

中國古代的典籍當中，經常使用「陰陽」的概念。從商業觀點來看，所謂的「陽」就是發展、擴大，也就是成功。可是，所謂的發展、擴大，也代表「分散」。當一家起初只有十位員工的公司，逐步發展、擴大成一、兩百人的規模時，組織就會分成好幾個小部門，正如樹木長大後開枝散葉一樣。

就個別部門來看，組織的確被削弱了。而要防止它們衰弱的唯一辦法，就是從根部補充營養，而這正是陰陽觀念當中「陰」的部分，也就是強化組織營運，或推動創新。

只有「補陽」還不夠，也必須「滋陰」才行。

關於這個概念，松下幸之助[1]就曾說：「**景氣好，非常好；景氣差，更不錯。**」因為不景氣時，經營者才更能趁機整頓公司。此外，前大聯盟職棒選手鈴木一朗也曾說過：「低潮期非常重要。有低潮期，才能重新整頓自己。」這也是相同的道理。

1 松下電器創辦人，被譽為日本「經營之神」。

第六章

虛實。

孫子的提問

面對大轉變的時代，
您有信心掌握「主導權」嗎？

戰爭中，孫子把重點放在「掌握主導權」，因為只要掌握主導權，就能將後續戰事帶往對我方有利的方向。

反之，只要試著回想一下「主導權被對手掌控」的狀況，就能明白掌握主導權的重要性。凡事都任由對方擺布，做什麼都只是亡羊補牢。比方說，假設我們出席一場重要的會面時遲到了，前往會場時，我們就會心急如焚，想著「要加緊腳步，動作快一點」；進到會場後，還會因為「讓別人枯等」的歉疚，而顯得沉默少言。相形之下，對方早就抵達會場等待，態度便顯得從容許多。

那麼，我們究竟該如何掌握主導權呢？孫子給的答案是「虛實」。

「虛實」有兩層涵義：第一層是空虛與充實，也就是「似有實無」、「似無實有」。另一層涵義則是虛偽與真實，也就是「似真實假」、「似假實真」。

不管是哪一層涵義，只要我們祭出「虛實」大法，敵方就看不清我方的實際情況。想瞞過敵人的法眼，再把敵人戲耍一番，這就是最好的方法。

經營戰略19

其實不管是人生或商場都一樣，能否成為「致人」而非「致於人」的一方，決定了我們的勝敗。

主動創造「主導權」，先發制人

孫子曰：凡先處戰地而待敵者佚，後處戰地而趨戰者勞。[六-①]故善戰者，致人而不致於人。[六-②]能使敵自至者，利之也；能使敵不得至者，害之也。故敵佚能勞之，飽能飢之，安能動之。出其所不趨，趨其所不意。行千里而不勞者，行於無人之地也。

前面我舉了遲到的例子，而孫子也強調「要比敵人先抵達戰場，等待敵人到來[六-①]」，如果遲到，慌慌張張地抵達現場，局面一定會對我方不利。

我也非常明白上述道理，尤其我還是個膽小鬼，所以只要和別人約定見面，一定會提早一個小時抵達現場。因為萬一遲到了，一開口就得先向人道歉，從「賠罪」開始發展的人際關係，當然不可能對等。

附帶一提，要拜訪公司行號或參觀工廠時，我也會提早抵達現場，到附近看一看。環境打掃得整潔的，都是表現傑出的公司；滿地垃圾的，都是委靡不振的公司。如此一來，我的心中就會先產生腹案，知道「這家公司得先從打掃環境開始教起」。

孫子將這個思維，用「致人而不致於人[六-②]」來表達。所謂的「致於人」，是指受周遭狀況或他人擺布，變成無頭蒼蠅，受人頤指氣使。而「致人」則正好相反，意思是掌握戰爭的主導權，成為驅使、指揮他人的一方。

其實不管是人生或商場都一樣，能否成為「致人」而非「致於人」的一方，決定了我們的勝敗。

比方說外交等政策，不正是如此嗎？

一直以來，日本的對中策略處理得並不太好。提到中國人，大家總會有「蠻橫」的印象；而提到日本人，說得好聽是敦厚穩重，說得難聽一點就是傻愣。所以當日本人碰上中國人，往往會受到對方的氣勢震懾，進而被搶走主導權。

不過，就我的經驗來說，其實中國人也害怕「蠻橫」的人。勇敢地拿出霸氣，擺出強勢的態度，停止說一些花言巧語的場面話，更能和中國人建立良好的關係，讓他們認為：「你也滿有一套的嘛！」

經營戰略20

和客戶談判時也一樣，如果只是因為一項交易條件談不攏，就決定全面放棄主導權，這種操作在商場上未免太過粗糙。透過不斷出招，從對方手上奪回主導權，讓事情發展最終符合我方期待。只要備妥超乎預期的方案，就可以繼續控制對方。

凡事有「備案」，才能鞏固主導地位

不過，商務上總會有些出乎意料的情況，例如到了約定地點，發現對方已經先到了等等。這時候就要使出「虛實」招數了。我們要讓對方受到戲耍擺布、疲於奔命。這就是為什麼在商務上需要「準備替代方案」。我們要隨時備妥第二、第三方案，以免原有的方案無法順利過關。

和客戶談判時也一樣，如果只是因為一項交易條件談不攏，就決定全面放棄主導權，這種操作在商場上未免太過粗糙。如果對方不肯接受目前的條件，那就提出第二個方案；要是再不行，就再提出第三個方案……透過不斷出招，從對方手上奪回主導權，讓事情發展最終符合我方期待。只要備妥超乎預期的方案，就可以繼續控制對方。

前面的〈軍形〉中提過越共在越戰期間的作戰方法，其實就是相同概念。舉例來說，越共為了把武器和物資從北越運送到南越，祕密部署了一條全長兩萬公里的「胡志明小徑」。越共就是通過這一條不存在於地圖上，導致一般人都認為「沒有人會走這種地方吧？」的小路，躲過了美軍的法眼。

經營戰略21

對企業而言，最毛骨悚然、最具威脅性的，就是大家都認為「搞不清楚他們到底在做什麼」的競爭對手。他們既不示弱，也不逞強，讓人無從辨別哪些是真、哪些是假。針對這樣的對手，企業根本無法研擬對策。

讓對手看不清你的實力，才是最強大的狀態

攻而必取者，攻其所不守也；守而必固者，守其所不攻也。故善攻者，敵不知其所守；善守者，敵不知其所攻。微乎微乎！至於無形[六—③]；神乎神乎！至於無聲，故能為敵之司命。進而不可禦者，沖其虛也；退而不可追者，速而不可及也。

當年，美軍根本無法掌握越共的實際狀況。換言之，越共有如「隱形」一般。

而孫子使用了「**無形**」[六—③]這個詞彙，來說明「看不清實際樣貌，才是最強大的狀態」。在現代社會中，最符合此概念的例子，大概是恐怖分子。全球戰力最強大的美軍，碰到恐怖分子一樣沒轍。因為恐怖分子是「無形」的，所以美軍根本不知道究竟誰才是恐怖分子。面對這樣的敵人，想打仗都不知從何打起。

套用在商業上也相同。對企業而言，最毛骨悚然、最具威脅性的，就是大家都認為「搞不清楚他們到底在做什麼」的競爭對手。他們既不示弱，也不逞強，讓人無從辨別哪些是真、哪些是假。針對這樣的對手，企業根本無法研擬對策。

就有如狂風暴雨的夜裡，屋外傳來巨響，似乎有什麼大型物體正在翻滾。然而，四下一片闃黑，讓人根本看不清是什麼在移動，甚至是該不該逃命……這種時候，最令人感到恐懼。

實務上，有些企業也祭出了「無形」戰術。

在這個科技萬能的時代，「研發部門」是企業的心臟。然而，甚至有不少任職於研發中心的研究人員，也無法完整掌握自家研發中心的實際狀況。知名企業尤其擅長這類「隱匿實情」的操作。

運用廣告、宣傳活動和行銷操作，強調自家企業的優勢，好讓競爭者在開戰前就舉白旗投降，這種作戰方式，十分符合崇尚「不戰而勝」的孫子作風。然而，不是每家企業都有能力如此操作。建議您還是好好學習「對新商品、新服務保密到家，迷惑競爭對手」的戰法。

不過，有一點要提醒您留意。有些人把《孫子兵法》當作商業策略理論來讀，於是滿腦子只想著使出魔術般的花招來「欺敵」。希望在競爭中求勝，這種手法或許有其必要，但商業活動的本質，應該不在這裡。

商業活動的根本，不就應該像澀澤榮一所言，要「為社稷，為人群」嗎？這個理念絕不能改變，也不容動搖。正因為堅持這個理想，企業才能贏得消費者、員工、股東、債權人、供應商、客戶、在地社會以及主管機關等利害關係人的支持，永續經營。

商場上真正的勝利，不是贏過競爭對手，而是透過「為社稷，為人群」的理念，獲得利害關係人的支持，持續成長，這才是最有價值的勝利。

第七章

軍爭。

孫子的提問

您是否引頸期盼名為「危機」的機會？

商業策略包含經營策略、業務策略、事業策略、財務策略……等等，商務上，「策略」對經營者可說是如影隨形、密不可分。然而，策略究竟是什麼呢？

在日文字典《大辭林》當中，是這樣解釋的：

「站在長期、整體的展望之上，準備、規劃和運用鬥爭的方法。它和『戰術』這種『具體執行策略的方法』，不能混為一談。」

不過，如果問孫子，想必他會如此回答：

「所謂的策略，就是將不利化為有利。」

每位經營者，尤其是新創企業的領導者，一定要將這句話銘記在心。年輕的新創企業，資金和人力都不如大企業充裕，到底可以祭出什麼戰法呢？答案是，要懂得將自己「什麼都缺」的事實，應用到策略上。

在前面的篇章中，《孫子兵法》都是以「不戰而勝」作為主要論述。而從〈軍爭〉起，將出現實際的戰爭議題。

孫子的教誨，是提醒我們做好準備，極力避免製造對己不利的狀況，然後再採取作戰行動。倘若不能如願，或處於問題規模太大，自己無法掌控的窘境時，更要將這種逆境扭轉成正向助力。

年長者的弱點，在於他們擁有豐富的經驗，所以凡事都會用經驗當作唯一的衡量標準。如此一來，當社會上出現極其創新的技術，或是人與人之間的想法出現鉅變時，他們通常很難接受。然而，在大企業當中握有決定權的，幾乎都是這些年長者們。

艱困的時期，更要扭轉逆境為正向助力

孫子曰：凡用兵之法，將受命於君，合軍聚眾，交和而舍，莫難於軍爭。軍爭之難者，以迂為直，以患為利。故迂其途，而誘之以利，後人發，先人至，此知迂直之計者也。七—①

「若前方有艱難險阻，可繞道而行。不過，此時要懂得研擬策略，將不利轉為有利，讓我軍宛如直線前進，率先抵達終點，克敵制勝。這就是所謂的『迂直之計』[七—①]。」

這裡出現的「迂直之計」，是多數人都不太熟悉的詞彙。它是指「發生意外，因此不得不繞路而行」時的思考方式，也就是逆境裡的思維。當然，「打仗就是優勝劣敗」的前提不變，孫子更不會要求我們「打沒有勝算的仗」。

不過，我們不能因為「情勢不利，輸了也沒辦法」，就輕言放棄。孫子強調，我們反而要將情勢帶向「正是因為身處逆境，才能獲勝」的方向。

因此，戰略才會顯得格外重要。如何將不利的條件扭轉為有利？或許有人會心想：「這也太強人所難了吧？」不過，在新冠肺炎疫情期間，我們都親眼見證了許多案例。

比方說，在日本發布緊急事態宣言的期間，餐飲業者面臨既不能銷售酒水，營業時間也被迫縮短的窘境，但他們卻從外帶跟外送生意中，找出活路。這就是成功的例子，對吧？還有，在政府的外出禁令之下，被迫長時間待在家的你我，也開拓出了享受居家時光的智慧。

我認為，這種**「化不利為有利」的積極態度，正是新創企業的優點**。

不只是新創企業，畢竟再怎麼威風的大企業，當初也都是從新創起步。能跨越無數苦難，挺過時代轉型，最後發展成大企業的公司，一定都具備「化不利為有利」的新創精神。

西服品牌青木（AOKI）的青木董事長，就是自己白手起家創業，一手打造出日本罕見的複合業態企業，並且大獲成功。他的口頭禪是「幸好……」。每當面對嚴峻考驗之際，他不僅不放棄求勝，還用「幸好……」來鼓勵自己，並重新擬訂策略，逆轉劣勢。所謂的新創精神，指的是組織是否擁有「化不利為有利」的策略，與規模大小無關。

如此一概而論或許並不恰當，但是年長者的弱點，在於他們擁有豐富的經驗，所以凡事都會用經驗當作唯一的衡量標準。如此一來，當社會上出現極其創新的技術，或是人與人之間的想法出現鉅變時，他們通常很難接受。然而，在大企業當中握有決定權的，幾乎都是這些年長者們。

因此，當前的大轉型時期，將是一個對大企業越來越不利，但是對新創企業越來越有利的時代。

兵力人數絕對不利的一方，勝過了有利的一方。這場堪稱大爆冷門的戰役，背後其實有著織田信長周延的策略操作。他憑藉這一套策略，打贏了必勝的戰役。

偽裝弱小、降低存在感，鬆懈敵軍的戒心

我們其實也可以在日本的戰國時代，找到堪稱「迂直之計」的案例，就是在一五六〇年，織田信長出兵討伐今川義元的「桶狹間之戰」。

這場戰事，是用來學習策略論基本概念的絕佳素材。當時今川軍出動了兩萬五千大軍，而織田軍僅有兩千人馬。可是，結果竟然由織田軍獲勝，兵力人數絕對不利的一方，勝過了有利的一方。這場堪稱大爆冷門的戰役，背後其實有著織田信長周延的策略操作。他憑藉這一套策略，打贏了必勝的戰役。

織田信長究竟是如何扭轉劣勢？我在以往的著作《孫子兵法商學院(1)》中，也曾屢次談

過這個議題，有興趣了解詳情的讀者，敬請參閱我的舊作。這裡我只會摘要介紹幾個重點。

比方說，「**讓敵軍鬆懈**」就是織田信長的戰略之一。

據說他曾派出六十名間諜，努力地蒐集今川軍的資訊。結果，他發現「今川軍覺得自己已經獲勝，態度很鬆懈。」如果換成是一般人，說不定早就氣急敗壞，心想：「竟敢瞧不起人！」不過，這其實是戰爭中的絕佳良機，甚至可以開心地說：「太感恩了！再瞧不起我一點吧！」既然敵人如此鬆懈、破綻百出，那麼平時難以想像的奇招，應該也都可以奏效。

這時，織田信長究竟做了什麼事？他向望著戰場休息的今川軍進貢木桶樽酒，慶祝對方出師大捷，並留意不讓敵軍發現，美酒其實來自織田信長。

以常理而言，戰事一觸即發的關鍵時刻，哪裡有心情喝酒？然而，今川官兵認為「織田軍根本不值得害怕」，防備極度鬆懈，紛紛心想「哎呀，喝一杯應該無傷大雅吧！」便開始喝了起酒來。

喝酒的人總是貪杯，當然不可能喝一杯就停手。於是官兵們喝了一杯又一杯，不一會兒，今川軍就已經喝成一群醉漢了。

織田軍還曾祭出「變更戰場」的奇招。織田軍曾在可以居高臨下，監視著只容一路縱隊通過的狹路上方，等待今川軍到來。不久，今川軍因為突如其來的驟雨而在此動彈不得，此時織田軍從上方突襲，把敵軍逼得無路可逃。

儘管今川有兩萬五千大軍，但是若能切斷每個人之間的聯繫，就能夠減弱他們的氣勢。就戰爭理論而言，當然是人多勢眾的大軍比較有利。然而，織田信長懂得從策略的角度出發，選擇了一個讓大軍無法發揮實力，但可以彰顯精兵力量的狹窄戰場。

現代的經營者，是否能想到像織田信長這樣的策略呢？

在經營管理的過程中，要隨時備妥諸如此類的策略，其實很不容易。不過，也正因為如此，所以能做到的話，馬上就能看到顯著的效果。

在盥洗用品業界的新品上市大戰當中，各方人馬的攻防總是相當激烈。例如，一位經營者曾這樣告訴我：在日本，所有競爭廠商都會加入同一個協會，所以經營者之間經常有機會在商品會展等場合碰面，此時有些人會刻意擺出「真傷腦筋！我們最近很慘……」的模樣。

不過，其實他們早已暗中籌備厲害的新商品，卻到處散播「真丟臉，我們今年沒什麼新商品啦……」的訊息。於是其他同業漸漸開始瞧不起他，而這正中了他的盤算。面對積弱不振的對手，沒有一家企業願意投入鉅額資金，加強研發和銷售來與之對抗。許多企業認為：「既然對手這麼弱小，應該不必太擔心吧？」於是便縮減成本，打算稍微喘一口氣。

結果當大家亮出底牌，才發現那家公司早已做好萬全準備，帶著閃亮的新商品或新服務，和各家業者一較高下。他們只要趁對手發現「糟糕！被擺了一道」而傻眼之際，搶下大半市占率，就能分出勝負。

這就是「迂直之計」。〈軍爭〉這個章節想表達的內容，幾乎都已經濃縮在這句話當中。

擁有長期策略，也可以說是要具備「大局觀」。如果套用到商場上，指的就是未來三到五年的中期經營計畫。每家企業固然都有不同的中期經營計畫，但我希望各位都能重視這個觀念：「做最悲觀的準備和最樂觀的行動」。

規劃長期策略，避開對自己不利的情境

故軍爭為利，軍爭為危。舉軍而爭利，則不及；委軍而爭利，則輜重捐。是故卷甲而趨，日夜不處，倍道兼行，百里而爭利，則擒三軍將，勁者先，疲者後，其法十一而至；五十里而爭利，則蹶上軍將，其法半至；三十里而爭利，則三分之二至。是故軍無輜重則亡，無糧食則亡，無委積則亡。（七—②）

在前面幾章當中，孫子一再強調「要速戰速決，避免拉長戰線」以及「要比敵人更早抵達戰場，掌控主導權」。

然而，在〈軍爭〉中，卻出現這樣的警告：

「太急於爭勝，[七─②]一心只想著要搶先抵達戰場，讓戰事朝著對我方有利的情況發展，結果有時反而會淪為不利的局面。」

如果為了盡早抵達戰場而減輕裝備，把載滿糧食、各式士兵裝備和武器彈藥的運補部隊留在後方，如此一來，物資當然會短缺。此外，趕路也會加速消耗士兵的體力，有時甚至還會出現跟不上隊伍的官兵。此時就算提早抵達戰場，戰力恐怕早在開戰前就已不堪一擊。可說是一味追求有利的情況，卻反而招來不利的局面。

「不要逞強硬拚」，孫子在書中再三強調。一再勉強，反而淪入對我軍不利的下場。

在商場上也是一樣。倘若因為「這項商品現在正當紅」，就勉強增產，可能導致工廠設備損壞，重創產能。此外，因供給過剩，造成市場對商品產生「厭倦感」的情形，說不定也會提早到來。

被眼前的蠅頭小利蒙蔽雙眼，就非常容易失敗受挫，不論在戰爭中或商場上，這個道理都通用。

那麼，該怎麼避免逞強硬拚？

就像孫子說的，要避開對自己不利的狀況。

我在每次受邀參加討論會時，除非有把握能把別人拉進自己擅長的領域較量，否則就不會開口。我擅長的領域是東方哲學，所以當別人滔滔不絕地大談西方哲學時，我就選擇沉默。不過，我會伺機提出「在東方哲學當中，其實有截然不同的想法」，藉此加入討論。如此一來，眾人關注的焦點就會轉移到我身上。接著，我才開始大顯身手。

不過，還有一件更重要的事，那就是擁有長期策略，也可以說是要具備「**大局觀**」。如果套用到商場上，指的就是未來三到五年的中期經營計畫。

每家企業固然都有不同的中期經營計畫，但我希望各位都能重視這個觀念：**做最悲觀的準備和最樂觀的行動**。

一般人的心態正好相反，我們往往對未來抱持樂觀的態度，心想「反正船到橋頭自然直」，所以疏於為意外狀況預作準備。到頭來，所有戰役都變成「見招拆招」，卻在事到臨頭時，抱持悲觀的態度，祈求「希望別碰上什麼難題」。

經營者絕不能有這樣的心態。應該從悲觀的角度看未來，用「這件事說不定會發生，那件事也可能會發生」的方式沙盤推演，以確保日後這些假設真的都發生時，也能妥善因應。「只要準備到這個地步，就可以放心了。有什麼事就放馬過來吧！」若事先擬定的計畫，讓你敢如此抬頭挺胸打包票，那麼萬一遇到緊急狀況時，也不必逞強硬拚了。

商場也好，人生也罷，「見招拆招」是很危險的做法。準備及計畫，永遠不嫌多。

【第八章】

九變。

孫子的提問

當理論無效時，

您能否祭出最理想的方案？

企業經營管理的理論很多，經營者或多或少都曾學習相關內容。然而，並不是每位經營者都能成功實踐。

不僅如此，有時甚至還有「大膽跳脫理論的經營決策」一舉成功，備受世人讚譽。我們又該如何看待這些案例呢？

在接下來的〈九變〉中，孫子闡述了「依目前置身的狀況，隨機應變」的作戰手法。近來，商業環境日趨複雜。儘管學習經營理論依舊重要，但經營者也該培養應變能力，以便因應理論無效的局面。

「千里之行，始於足下。」

「日積月累，成就一番事業。」

「不論面對怎樣的強敵，都要勇往直前，不輕言放棄。」

這些觀念，往往被日本人視為美德。但是，請您暫時把它們忘得一乾二淨。因為，能讓理論無效的情況，需要用跳脫理論的想法和行動來因應。

經營戰略25

懷抱「再努力一下，應該就能順利了吧？」的念頭，不斷拉長戰線，過程中，損失就會如滾雪球般擴大。總之，一定要避免這樣的狀況，趁早撤退才是上策。

商場上的五大絕境與應變之道

> 孫子曰：凡用兵之法，將受命於君，合軍聚眾。圮地無舍[八-②]，衢地合交[八-③]，[八-①]絕地無留，圍地則謀，死地則戰[八-④]。

簡而言之，〈九變〉所探討的，就是在各種情況下，都必須懂得隨機應變。碰到出乎意料的狀況時，自身的經驗其實絕大多數都派不上用場，反而要從流傳兩千年以上的經典名著中，才能找到因應的靈感。

孫子列舉出了「圮地」、「衢地」、「絕地」、「圍地」、「死地」這五種戰場，說明「五種戰場上的大忌」八-①。在此，希望您將這五個項目，重新解讀為「商場上的絕境」，繼續閱讀接下來的內容。

❶ 圮地

所謂的圮地，就是難以行軍的地方，例如山林、沼澤等。孫子認為「不可以在這種地方紮營，應盡速逃出此地」八-②。

如果把這個概念套用在商場上，則是要我們遵循「非久」的思維，避免任何可能形成長期抗戰的情況，盡早徹出無法速戰速決的戰場。比方說，儘管公司目前發展得風生水起，但已可看出所在的產業經過轉型期之後，未來業務將會逐漸萎縮，就要慢慢退場。或是雖然知道機會在那裡，但需要「苦守寒窯」，不斷嘗試錯誤的話，就趁早放棄，轉往其他領域發展。

懷抱「再努力一下，應該就能順利了吧？」的念頭，不斷拉長戰線，過程中，損失就會如滾雪球般擴大。總之，一定要避免這樣的狀況，趁早撤退才是上策。

❷ 衢地

所謂的衢地，是指多國交會的外交要衝之地。孫子認為：「要懂得找出方法，跟位在交通要衝，且能以其他大國為後盾的國家建立邦誼，避免與之交戰，還要和周邊大國建立連結。（八－③）」

就這一點而言，現代外交也相同。當大家注意中國動向時，俄羅斯可能在此時發動攻擊；留意俄羅斯時，說不定又換成北韓蠢蠢欲動，不時可以看見這樣的情況。既然如此，不如放下兵戎，透過外交與各國密切往來，才是上策。

孫子的這一段話，我重新解讀如下：

「小蝦米挑戰大企業，或許有人認為是一段勇敢的佳話，但這其實是十分魯莽的舉動。透過事業結盟等方式，與大企業建立合作關係，也是一種勝利。」

即使是自家公司非常專精的市場，光靠單打獨鬥打遍天下，實在是很不容易。最好找一些有望發揮彼此優勢的競爭對手，洽談結盟。如果雙方合作順利，那麼新創企業也能取得大企業的顧客和行銷資源，大企業則能引進新創企業的創新與行動力。

就算不考慮結盟，企業平時也必須勤加蒐集資訊。建議企業應該不吝惜地投入資金，調查自家企業所屬的市場有哪些競爭對手，而後續可能有哪些企業加入，以及各企業的優勢等資訊。

❸ 絕地

所謂的絕地，就是位在敵國境內深處的區域。它與我國陣地相隔遙遠，充滿危險與不便，最糟糕的是我軍在這裡將無處可逃，這種地方不宜久留。我們在第二章〈作戰〉談過企業跨足國際市場時的注意事項，也與這裡探討的概念相符。

❹圍地

所謂的圍地，就是受到敵軍包圍，進退維谷，「四面楚歌」的狀態。這時縱然想突圍，硬碰硬絕對行不通，而是要祭出奇招，設計或暗算敵軍。

套用在商場上，讓人聯想到「當初滿懷雄心壯志投入，孰料一回神已奄奄一息」的狀態。這時就算經營者滿心想著馬上退出市場，但考慮到前面投入的成本，便又猶豫了起來。遇到這種情況時，不妨將事業出售給競爭對手，多少回收一些資金，或許也不失為一個辦法。

❺死地

「死地」一詞就如字面所示，意指生死邊緣。

不慎走入死地時，「只能卯足全力一戰[八－④]」。不過，抱著必死的決心奮戰，並不是孫子的哲學。他反而建議我們要滿懷「必勝」的精神，冷靜地採取行動。如果可以避免陷入這種處境，那當然再好不過了。

孫子列舉出以上五種戰場，強調「依照當下狀況，做出準確的判斷，隨機應變，採取行動」。對經營理論一無所知，固然無法妥善地經營企業；然而，過於拘泥理論，事業也無法順利發展。

經營者就算再怎麼優秀，不實際走訪第一線，恐怕做不出準確的判斷。反過來說，如果有員工敢違抗經營者的指示，提出諫言「第一線人員研判應該這麼做」，經營者千萬不能拒絕。

應變意外狀況的關鍵，在於「現場的第一手判斷」

途有所不由，軍有所不擊，城有所不攻，地有所不爭，君命有所不受。八—⑤
故將通於九變之利者，知用兵矣；將不通於九變之利，雖知地形，不能得地之利矣；治兵不知九變之術，雖知地利，不能得人之用矣。

不過，所謂的隨機應變，並不是要我們在毫無計畫的狀態下行動。不論做任何事，都需要一些判斷基準，而孫子則會在「第一線」尋求這樣的基準。

「攻擊時，並不是只要一股腦地往前衝就好。有些路最好不要走，有些軍隊最好不要襲擊，有些城池最好不要攻打，有些地點最好不要爭搶，甚至有些君命最好不要服從。」（八—⑤）

而有能力做出這些判斷的，應該就只有親眼看到實際狀況的第一線人員而已。經營者就算再怎麼優秀，不實際走訪第一線，恐怕做不出準確的判斷。

反過來說，如果有員工敢違抗經營者的指示，提出諫言「第一線人員研判應該這麼做」，經營者千萬不能拒絕。畢竟這些諫言都是為了公司著想，如果內容確實有憑有據，那麼虛心傾聽，才是經營者該有的氣度。而不時願意拿出勇氣與智慧，違抗經營者命令的員工，企業應該給他們更多肯定。

身處在大轉型時代，我還希望各位特別留意一件事，那就是不能忘了公司的專長本業以及經營主軸。因此，**除了「該做什麼」之外，「不該做什麼」也很重要**。

我在〈軍形〉當中提到：唯有懂得提早為轉型期預作準備者，才能摘下後續豐碩的成長果實。而在轉型期當中，會遇到很多「誘惑」，例如AI、機器人、5G和電動車等新趨勢，吸引人沾一點邊，不斷地見異思遷，我很能體會您想跟風上車的心情。

然而，忘了公司擅長的本業，就無法打造出好產品跟服務。而孕育好產品跟服務的根源是願景，一家偏離專長和本業的企業，當然也無法提出有潛力願景。

此時，企業最好別只想著「該做什麼」，而是要先從訂定「不該做什麼」開始著手，因為它將成為公司堅強的主軸，以及經營上的判斷標準。先決定主軸，再隨機應變，才有勝算。

以陰陽的觀念來看，「毫無失誤風險」的工作，根本就不存在。推動業務的人無法同時從「成功」與「失敗」這兩個角度來考量，是很危險的事。請您以這一點作為經營者的典範，了解陰陽之道，培養「泰山崩於前而色不改」的心態。

最全面的準備，是同時考量成功與失敗的情況

是故智者之慮，必雜於利害，雜於利而務可信也，雜於害而患可解也。是故屈諸侯者以害，役諸侯者以業，趨諸侯者以利。

故用兵之法，無恃其不來，恃吾有以待之；無恃其不攻，恃吾有所不可攻也。（八—⑥）

要學會隨機應變，就必須懷抱「泰山崩於前而色不改」的心態。

我希望您回想一件事，那就是中國哲學的基礎「**陰陽**」。所謂的「陰」，簡而言之就是向內深入的力量，代表向心力、內在充實，及具有創新性質的事物；而「陽」則是不斷向外擴張的力量，代表離心力、擴張、發展性質的事物。

中國哲學思想認為，凡事必定有陰陽，兩者總是並存。此外，當「陰」的力量過大時，就會轉為陽；「陽」的力量過大時，就會轉為陰。陰陽之間彷彿有一股看不見的力量，調整著兩者的平衡。日本成語「禍福交纏如繩」（幸與不幸就像編在一起的繩子，交互降臨），指的也是相同的事。

明白陰陽之道的經營者，會隨時考慮事情的另一面。即使是財源滾滾、四方聚財時，他們也能不迷失自我，仍常懷「某個地方可能有陷阱」的心態，不敢掉以輕心；反之，在麻煩事接踵而來時，他們則能抱持「事情一定會否極泰來。而這些從失敗中學到的教訓，日後也還能運用」的態度，不屈不撓、積極向前。只要懂得從利、弊這兩個不同的角度來看事情，就能常保冷靜。

那些被譽為成功企業家的人物，都是如此。如前所述，松下幸之助曾說：「景氣好，非常好；景氣差，更不錯。」因為越是不景氣的時候，才能重新整頓公司。

此外，據說有位企業家，總是對於前來爭取機會，說著「請務必把這件事交給我」的部屬，詢問這個問題：「**如果這件事失敗的話，你認為問題出在哪裡？**」倘若部屬滿懷自信地回答：「毫無失誤風險」的話，這位企業家就會說：「這件事你別插手。」因為他明白，以陰陽的觀念來看，「毫無失誤風險」的工作，根本就不存在。推動業務的人無法同時從「成功」與「失敗」這兩個角度來考量，是很危險的事。請您以這一位經營者為典範，了解陰陽之道，培養「泰山崩於前而色不改」的心態。

前面屢次提及「準備的重要」，我想要表達的，其實就是既然可以預知「陽」過後必定有「陰」，就可以事先做好必需的準備。以陰陽的觀念來看，良機到來後「必有困難降臨」。然而，人的夢想卻總是和這個觀念背道而馳，冀望什麼事都不會發生，日子就這樣平安無事地過下去。觀察企業的經營策略，不難發現其中充滿了許多對自己有利的假設，彷彿是等著敵人自己摔跤似的。而孫子正是勸誡你我，應該改正這樣的態度。

「別指望敵人不發動攻擊，我們該仰賴的，是『敵人隨時來犯都不怕』的充足準備，加強防禦，讓敵人無從進攻。八—⑥」

「即使是天大的困難，都儘管放馬過來吧！」這才是經營者該有的心態。

【第九章】

行軍。

孫子的提問

您是否把商業活動和組織管理放在天平的兩端盤算？

我希望您在解讀〈行軍〉時，將它當作是在商業運作之上，更進一步呈現「組織管理」樣貌的篇章。

在進入正題之前，我想要先說明一點：商業活動和經營管理是帶動企業運作的雙輪，本來就不能割捨其中一方。因此，在創業或新事業起步之初，抱持「先讓商業活動上軌道，再來管理組織」，或是「先建立完善的組織體制，再發展商業活動」等想法，可說是注定難逃失敗的命運。

追根究柢，管理（management）這個字的語源，來自於拉丁文的「manus」。以我個人的解讀，認為它包含了「商業活動」和「經營管理」這兩個含義。所謂的「manus」，是指士兵乘坐著由馬匹拉動的戰車，並且一邊如使用自己的手腳般靈活地駕馭馬兒，一邊拉弓射箭，打倒敵人的模樣。換言之，同時進行這兩件事，才稱得上「manus」。我認為這個詞彙，也可說是企業經營管理的根基。

經營戰略28

過度偏重其中一方的做法，必定導致另一方出現問題，為日後的深切反省埋下種子。因為商業活動和經營管理之間，正存在著「陰陽」的關係。

組織管理和人才培養，與打倒競爭對手一樣重要

我們不妨試著把「manus」套用在商場上。換言之，所謂的組織管理，就是要像活動自己的手腳一樣靈活地駕馭整個公司，包括調度員工，也包括如何促進關係企業、合作廠商等單位奮力投入工作。而所謂的商業活動，則是要打倒競爭對手。

在此，我無意針對您的組織管理或商業活動內容說三道四、苛求細節。畢竟經營者該做什麼，會隨著企業的事業內容、經營者的特色風格，以及經營環境等因素而有所不同。

我想強調的，是要**同步強化商業活動和經營管理，而不是以其中之一為優先**。我經營

自己的公司好幾十年，同時也輔導了約兩千家企業的經營管理。對上述這一點，有很深刻的體會。

「現在還不用賺大錢，我想要先花心思打造組織，培育人才。」

「現在景氣這麼好，我們要趕快加碼投資，擴大事業版圖，組織建構就等之後再說。」

像這樣過度偏重其中一方的做法，必定導致另一方出現問題，為日後的深切反省埋下種子。因為商業活動和經營管理之間，正存在著「陰陽」的關係。

再舉一個更簡單的例子。我們的工作與家庭，說不定也具有同樣的關係。如果太過投入工作，家庭一定會出現狀況；太過重視家庭，工作就一定會出現問題。您對這個概念是否也有一些頭緒了？

我分享一個失敗的經驗吧！當年，我就是因為一直延後組織建構，導致公司的成長晚了十年之久。以前我總是在外跑業務，整天都不在公司。「公司的首要任務就是創造營收，因為沒有營收，就付不出員工的薪水」，當年我對這個觀念深信不疑。

然而，我這個總經理不在公司時，員工究竟在做什麼呢？答案是，等待總經理招攬生意回來。簡直像是張著嘴嗷嗷待哺的幼鳥，等著鳥爸爸帶食物回巢似的。

有一天，我因為出差的行程臨時取消，意外地在辦公室現身。當時看到的，竟是開心打著麻將的員工。當下我幡然悔悟，但並沒有大發雷霆的念頭，因為發生這種情況，都是我沒有把工作分配給他們的錯。

而這時我也才痛切地明白：**除非全體員工一起投入公司業務，否則他們就會分成「創造工作的人」和「等待工作的人」兩類，這是世間的常理。**

自此之後，只要在經營上有任何煩惱，我都會把內心話告訴員工。我已經明白，總經理和員工同甘共苦，一起解決問題，才是最強大的公司。

期盼您能把我的例子當作負面教材，努力維持商業活動和經營管理的並行不悖。

趁風光得意時強化公司體質，例如把握願意雪中送炭的各路人脈，或重新檢視供應鏈，調整一些容易因特定國家內部狀況而斷鏈的環節等，才是高明的因應之道。

成功時把握人脈，平順時勇於挑戰，困境來臨前預想解決方案

[九-①]

孫子曰：凡處軍相敵，絕山依谷，視生處高，戰隆無登[九-③]，此處山之軍[九-②]也。絕水必遠水，客絕水而來，勿迎之於水內，令半濟而擊之，利[九-⑤]；欲戰者，無附於水而迎客，視生處高，無迎水流，此處水上之軍也[九-④]。絕斥澤，惟亟去無留，若交軍於斥澤之中，必依水草，而背眾樹，此處斥澤之軍也[九-⑥]。平陸處易，而右背高，前死後生，此處平陸之軍也[九-⑦]。凡此四軍之利，黃帝之所以勝四帝也。

在〈行軍〉的開端，孫子列舉了「行軍中的四種狀況[九-①]」，分別是山地、河川、斥澤（溼地）與平地。讓我們把它當作組織管理和企業經營的教訓，深入地解讀。

❶山：越是風光時，越要為跌落谷底的那一天預作準備[九-②]

這裡所謂的「山」，是指從谷底爬到山頂時，也就是公司最風光的時候。不過從負面角度來說，此時也是「公司最容易得意忘形」的時候。

孫子在〈行軍〉中這樣寫著：

「要沿著山谷前進，並於高處紮營休息，再由此處發動下切攻勢。[九-③]」

我希望您把這段話當成警告，並且如此解讀：

「風光絕不可能天長地久。必須預期自己隨時會跌落谷底，預作準備。」

公司事業得意時，總是要人有人，要錢有錢。反之，正要走入衰退期時，人和資金都會迅速散去。既然明白這個道理，就要趁風光得意時強化公司體質，例如把握願意雪中送炭的各路人脈，或重新檢視供應鏈，調整一些容易因特定國家內部狀況而斷鏈的環節等，才是高明的因應之道。

其實，「巨星」與「一片歌手」的差異，也在這裡。所謂的巨星，就是「持續發表暢銷作品的藝人」；而一片歌手則是「只走紅過一次就後繼無力」。只要運氣夠好，或許每個藝人都能嘗到一次走紅的滋味。然而，要持續推出暢銷金曲，就必須找齊優秀的人才，包括製作人、作詞家、作曲家等，充分運用旁人的力量才行。所以藝人推出第一首暢銷金曲時，身邊有無充沛的人才資源，就成了「巨星」和「一片歌手」前途明暗的分水嶺。

❷河：身處於時代的轉型期，切莫停下腳步 九－④

孫子說：「我們必須迅速渡河，等待追擊而來的敵軍半數都過河上岸之際，再對他們發動攻擊。」九－⑤

所謂的「河」，簡而言之，就是無法行動自如的情況。深陷此類情境時切莫拖泥帶水，必須一鼓作氣地過河，從高處眺望敵軍掙扎的模樣，如此一來，應該就能輕鬆地判斷自己該做什麼才好。

希望您能把這段話，當作是時代轉型期不可或缺的策略。既然知道自己置身在時代轉型的漩渦之中，就不能站在原地。「我想花五年、十年時間，無痛適應新時代」，說得這麼悠哉，將會錯失成長的良機。

❸斥澤：平時就要研擬跳脫困境的策略 九－⑥

所謂的斥澤，就是像沼澤一樣，只要一不小心踏進去，就會沉入其中，最後動彈不得的地帶。

不論是人生也好，商場也罷，其實都有諸如此類的場景。意料之外的問題接二連三地發生，讓我們為了尋求解方而奔走和折騰。

受到專利權庇蔭而得以苟且存活的企業，就是很常見的案例。這些企業明知專利何時到期，卻一直到大限將至，才開始慌張，心想「接下來會有很多新面孔投入市場，該如何求生？」長期仰賴專利保護，日子一久，就連想發展新事業，恐怕也要吃不少苦頭。

為避免陷入這樣的窘境，平時就思考「如果事情這樣發展，我們就這麼做」，好好研擬跳脫困境的策略，至關重要。

在新冠病毒疫情下，餐飲業深受重創，卻也有幾家企業的獲利創下新高。因為，儘管病毒的流行狀況難以預期，但這些餐飲業者為防不時之需，早已確立宅配及電商系統等多樣的商業模式。他們的業績表現，都不是「偶然」。

❹ 平地：保持警惕，即時察覺危機 九―⑦

所謂的「平地」，一如字面所述，就是平坦的地方。放眼望去一無阻礙，事業發展得風生水起，這對經營者而言是相當可喜的情況，卻也是讓公司走向「和平傻瓜」的時期。這時員工開始失去危機感，心態鬆懈，認為「問題反正總會有辦法解決」，這種公司最危險。越是太平的時期，企業更應該推動與經營本質相關的挑戰，包括拓展新事業或提高生產力等，必須上緊發條才行。

我在三十多歲時，曾為處理破產程序的破產管理人擔任助理，工作內容是調查公司破產的原因何在。過程中，我接觸過許多曾是經營者的人物，他們大多數都對於迫在眉睫的破產危機渾然不覺，只是對破產感到錯愕，表示：「沒想到竟然這麼容易就破產了……」這種「和平傻瓜」的狀態，其實相當危急，絕不可輕忽。

決定性的關鍵，就在最初進入成熟期的時機。因為我們必須趁著剛爬上一座山巔，人力和財力都還寬裕之際，嘗試「開拓新路線」，也就是推動大膽的業態變革，或跨足新事業等。

透過開拓新事業帶來成長期，不斷為公司創造新高峰

在「山」、「河」「溼地」與「平地」這四者當中，我認為「山」的重要性，尤其舉足輕重。公司的成長速度，取決於山頂，也就是公司如何度過巔峰期。我先在此提出重點：巔峰時期的關鍵就是**透過「重新創業」，創造新的成長循環，進一步朝更高的山峰邁進**。

一般而言，公司會不斷經歷「創業期、成長期、成熟期、衰退期」這四個階段的循環。說穿了，沒有經營者期待衰退期到來。先爬上山頂後，又跌落谷底的歷程，到頭來只不過是「維持現狀」而已。

希望您能設法避免從成熟走向衰退的趨勢，長時間處於成長期，不斷地登上山峰。

那麼，有什麼具體的方法呢？決定性的關鍵，就在最初進入成熟期的時機。因為我們必須趁著剛爬上一座山巔，人力和財力都還寬裕之際，嘗試「開拓新路線」，也就是推動大膽的業態改革，或跨足新事業等。

只要「開拓新路線」成功，我們就能從原本以為巔峰狀態，再擘劃出新的成長循環，進而創造更旺盛的氣勢，攀登更高的山峰。而下一個成熟期會再次到來，屆時，同樣要再一次重新創業。

那些能抵抗從成熟到衰退的趨勢，持續追求成長的企業，祕訣就在這裡。像三得利（SUNTORY）等企業，都堪稱是隨時透過開拓新路線來追求成長的企業。早期他們打出的名號，是「威士忌的三得利」，而隨著公司生產及銷售的酒類品項增加，三得利便順勢將品牌改為「洋酒的三得利」。後來旗下商品品項更加多元，於是他們又將稱號改為「全世界的食品，三得利」。如今，三得利已是「生技的三得利」。

站在山巔時，傑出經營者已經開始思考接下來要爬的是哪一座山。

經營戰略31

置身在這樣的時代裡，我們需要的，是複合式思考，也就是對既往的常識抱持懷疑的態度，從更多角度看待事物，思考「這麼做不行嗎？」或「再更……一點比較好吧？」然後才採取行動。

從創業到開拓新時代，關鍵就在複合式思考

在本章的最後，我想要跳脫孫子，談一談「當今社會所需的創業模式」。

相較於矽谷的那些新創企業，日本對於「從無到有」這個目標的態度顯得消極許多。不知道是受了誰的言論影響，**日本的創業家似乎給人一種印象，那就是深信創業必須「歷經千辛萬苦，腳踏實地，一步步地登上成功的階梯」**。

為什麼這些創業家，總是說著「我才剛創業，所以現在要多忍耐」等等逆來順受的話呢？抱持著這樣的心態，一點也不配稱為「新創」。

我來說一個美國企業家A的故事。他原本是B公司的員工，公司要求他負責管理庫存，但庫存管理的軟體很不方便使用。A原本就具備軟體研發素養，便趁著工作之餘，研發庫存管理的軟體。結果，他的研發成果曝光後竟大受歡迎，連其他企業都紛紛表示「請開放給我們使用」、「請賣給我們」。

而這個故事的重點在於，**A辭掉B公司的工作之前，預約訂單就已如雪片般湧入，等於確保了數十億日圓的營收**。也就是A還在前公司服務時，就可預估將有數十億進帳，才自立門戶創業。這樣的行動力和速度，恐怕是資訊社會才能創造的。**當今社會，只要有聰明的大腦，和一部聰明的電腦，想要開發能賺進好幾億元的軟體，絕非不可能**。此外，只要懂得運用社群平台等線上溝通工具，我們就能向全世界傳播產品或服務的訊息。

您是否已經了解箇中道理？**那些「歷經千辛萬苦，腳踏實地」之類的觀念，在想法的規模上就已經輸了**。如今，適合輕鬆創業的環境已然成熟，現代正是一個應該積極以「從無到有」為目標的時代。

我個人認為，置身在這樣的時代裡，我們需要的，是**複合式思考**，也就是對既往的常識抱持懷疑的態度，從更多角度看待事物，思考「這麼做不行嗎？」或「再更……一點比較好吧？」然後才採取行動。

若缺乏複合式思考，那麼這部《孫子兵法》，恐怕也只能看作一本「很久以前的戰爭策略理論」來解讀。只有複合式思維，才能催生「從無到有」的大膽創意。

第十章

地形

孫子的提問

組織內部有無破綻？
是否充分審視內外狀況？

企業組織無法順利運作時，究竟發生了什麼事？在競爭中落敗時，究竟是為何而輸？在〈地形〉中，孫子以「六者」說明失敗的理由。具體來說，失敗的原因，在於士兵當中出現「走者、弛者、陷者、崩者、亂者或北者」[十一①]。

然而，出人意料的是，孫子並沒有責備這些士兵，反而點出「這是主管的過失」[十一②]，換言之，組織的問題，其實就是管理的問題。

管理的基本功，就是要在問題釀成大禍前，盡早找出造成問題的主因，也就是隱而未顯的破綻，並出手解決。

不過，既然管理的對象是人，代表很多事都不能一概而論。尤其在現代社會中，共事的人往往懷抱著多種不同價值觀，情況更是複雜。

當公司內部處於哪些狀況或環境時，員工會開始出現什麼樣的破綻呢？我們必須了解其中的原理原則才行。

就讓我們更進一步看看具體的說明。

孫子用「以一擊十」來描述這個狀況。再怎麼優秀的員工，若承擔超出個人實力十倍的超級任務，恐怕都會感到煩躁，心想「怎麼可能辦得到」，對吧？這時，員工不見得對份內工作棄之不理，但說不定也只是「裝忙」而已。

戰敗的原因在組織內部，從六個面向檢視經營管理漏洞

故兵有走者、有弛者、有陷者、有崩者、有亂者、有北者。十一① 凡此六者，非天之災，將之過也。十一② 夫勢均，以一擊十，曰走；十一③ 卒強吏弱，曰弛；吏強卒弱，曰陷；大吏怒而不服，遇敵懟而自戰，將不知其能，曰崩；將弱不嚴，教道不明，吏卒無常，陳兵縱橫，曰亂；將不能料敵，以少合眾，以弱擊強，兵無選鋒，曰北。凡此六者，敗之道也，將之至任，不可不察也。

❶「走者」：對下屬的期待過高

所謂的「走者」，是指軍中有人逃亡。那麼，公司裡「有員工逃逸」，指的又是什麼狀況呢？比方說，員工的能力與主管賦予的職責失衡，就是一個案例。

孫子用「以一擊十」來描述這個狀況。再怎麼優秀的員工，若承擔超出個人實力十倍的超級任務，恐怕都會感到煩躁，心想「怎麼可能辦得到」，對吧？這時，員工不見得對份內工作棄之不理，但說不定也只是「裝忙」而已。

❷「弛者」：紀律廢弛

員工軍心渙散，懶散鬆懈，這種案例，正是因為主管太懦弱，受到輕視。

充滿鬥志的員工，若是發現主管無法下達明確指示，就不會把主管當一回事，反而心想「這麼無能的主管，誰要聽他的話！」這種情況其實很常見。優秀的部屬，如果不能分配到優秀主管的麾下，下場就是如此。

❸「陷者」：主管施加的「壓力」過大

陷者正好和弛者相反，是指上級施加太大壓力的狀態。部屬很難忠誠地追隨一個總是下達不合理要求的主管。所謂的「職權騷擾型主管」，就是這樣的人物。在這種主管的底下工作，很難產生強烈的工作動機。

❹「崩者」：被任性妄為的主管牽著鼻子走

情緒化的主管專斷獨行、蠻橫跋扈，員工則被他的情緒牽著鼻子走。比方說，有些主管對競爭對手抱持強烈的比較心態，這固然很好，但如果發展成旁人難以認同的「私人恩怨」，就很難令組織團隊信服於他的領導。

❺「亂者」：主管無法提出明確的方向

這種類型的問題，指的是主管無法針對組織團隊提出理念或方向，只會下達一些急就章的指令。最要不得的，就是為了拉抬業績數字而煽動員工彼此競爭的主管。這樣的做法，會導致整個團隊無法團結一心。

❻「北者」：尚未掌握前線實情，就匆促應戰

指主管疏於蒐集資訊，並在尚未完全掌握第一線資訊的情況下，就打算上場應戰的狀態。上級既不補強戰力，也不把部隊培養成精兵，部屬被派上場去打這種「必敗」的戰役，當然覺得被找了麻煩。根據孫子的論述，我們應該做好周全的準備，直到堪稱「彷彿已經勝券在握」的水準，才上戰場打仗。

漢代典籍《說苑》中也出現過「逆命利君」的說法，意思是：不惜抗命也要為君主帶來好處的人，才是為人部屬的典範；反之，「從命病君」的部屬則受人撻伐，意指凡事都對君主唯命是從的部屬，只不過是應聲蟲，有時還會帶來禍害。

「用心付出」的主管能肯定敢於反抗的部屬，並且落實適才適所

故戰道必勝，主曰無戰，必戰可也[4]；戰道不勝，主曰必戰，無戰可也。是故進不求名，退不避罪，唯民是保，而利合於主，國之寶也。視卒如嬰兒，故可以與之赴深溪；視卒如愛子，故可與之俱死[5]。厚而不能使，愛而不能令，亂而不能治，譬若驕子，不可用也[6]。

關於這一點，孫子用了十分劃時代的描述，來形容部屬的表現：

「衡量各種條件後，若部下認為『打得贏』，那麼即使主管下令『不准出征』，也應上場一戰。」[十-④]

也就是說，**在某些時機和情況下，部屬應該違抗主管的指令**。

這句話的意思，當然不是要我們一味抗命與反對。畢竟不服從主管指令的部屬，恐將打亂組織和團隊的紀律。

可是，請您想一想：最了解第一線情況的，其實並不是主管，而是在第一現流汗賣命的部屬。如果部屬真的是為了這個團隊著想，希望團隊有所提升，有時就要拿出「丟辭呈」的決心，就算是要違抗主管的命令，也毫不遲疑。

而主管也應該肯定這樣的部屬，認同他們的反抗才是盡忠盡義的表現，並酌情考量他們的違紀抗命。

附帶一提，漢代典籍《說苑》中也出現過「**逆命利君**」的說法，意思是：不惜抗命也要為君主帶來好處的人，才是為人部屬的典範；反之，「從命病君」的部屬則受人撻伐，意指凡事都對君主唯命是從的部屬，只不過是應聲蟲，有時還會帶來禍害。

團隊裡不需要只會對部屬發號施令的主管，也不需要只會對主管唯命是從的部屬。孫子說，主從關係其實就像是親子關係：

「要視部屬如己出。唯有如此，上下級才能共同面對困難[5]。」

當然，孫子也不忘提醒我們，光疼愛部下是不行的。「光是一味呵護，培養不出能幹的員工。光是愛護，教不出服從的部屬。縱容部屬任意違反規定，就無法約束他們的行為。打個比方來說，這會讓部下淪為遊手好閒的敗家子[6]。」

如果用公與私來區分的話，公司是屬於「公」領域，在親近之中仍必須顧及禮貌，因此需要客觀的規範和規定，否則遭遇萬一時，就無法約束整個組織跟團隊了。

近年來，不少主管和部屬之間的感情都很融洽，早期那種嚴明的上下關係已漸式微。此外，因為企業防治職權騷擾的意識也逐漸抬頭，越來越多主管在與部下互動時，都變得非常小心翼翼。

不過，這種相處模式，和所謂的「用心付出」是兩回事。

什麼樣的主管才算「用心付出」？比方說，能依每一位部屬的能力與特質，安排適合他們大顯身手的舞台，又或者是教導部屬遵守指令及承擔職責，並為組織團隊貢獻績效，才是好主管的特徵。能做到這樣，主管與部屬之間才能夠建立起深厚的關係，對吧？我個人認為，這才是主管對部屬的用心付出。

孫子要強調的是，只要精準掌握「自己的實力」、「敵方戰力」和「周遭狀況」這三項資訊，就能推升勝率。我們必須隨時考慮：「相較於競爭對手，雙方實力孰優孰劣？」或是「觀察市場動向，有無阻礙我方打仗的絆腳石？」並蒐集相關資訊。

企業內部共享資訊，才能營造打勝仗的團隊

十一⑦

知吾卒之可以擊，而不知敵之不可擊，勝之半也；知敵之可擊，而不知吾卒之不可以擊，勝之半也；知敵之可擊，知吾卒之可以擊，而不知地形之不可以戰，勝之半也。故知兵者，動而不迷，舉而不窮。故曰：知彼知己，勝乃不殆；十一⑧知天知地，勝乃可全。

在〈地形〉的最後，孫子闡述的是組織內部「資訊共享」的重要性。

他先列舉出三種情況，並表示「在這些情況下，勝率是百分之五十[7]」：

❶雖已掌握自己的實力，但沒有體認到敵方戰力強大。

❷雖已明白敵方戰力不怎麼樣，但無法掌握自己的實力如何。

❸雖已充分掌握敵方戰力與我方實力，卻沒發現自己身處於不利的狀況之中。

換言之，此處孫子要強調的是，只要精準掌握「自己的實力」、「敵方戰力」和「周遭狀況」這三項資訊，就能推升勝率。我們必須隨時考慮：「相較於競爭對手，雙方實力孰優孰劣？」或是「觀察市場動向，有無阻礙我方打仗的絆腳石？」並蒐集相關資訊。

不僅如此，企業內部還必須共享上述的資訊才行。因為如此一來，才能讓主管和部屬團結一致。若無法資訊共享，部屬恐怕不明白「現在正是該奮戰的時候」，也不能充分發揮自己的實力。不僅如此，對第一線情況知之甚詳的員工，甚至還可能質問主管：「為什麼現在非要打仗不可？」

「知彼知己，百戰不殆[8]。」是孫子膾炙人口的名言。然而，若要部屬毫不遲疑地專心打仗，那麼，在企業內部共享敵我資訊，就和「知己知彼」一樣重要。

《第十一章》

九地

孫子的提問

您能否依不同情況需要，
備妥各式作戰方案？

〈九地〉探討的是「九種不同形勢下的進攻方式」。更具體來說，孫子在本篇中列舉出「散地、輕地、爭地、交地、衢地、重地、圮地、圍地和死地」等九種不同的狀況[十一①]，並探討領導者在每個情況中該如何保持冷靜，將戰況帶往有利的方向。

如果打個比方，或許這就像是投手面對打者時的心情。「要用高低差來引誘打者出棒？還是要削過好球帶的左側或右側？或是乾脆投個變化球，從側邊拐進壘？」只要學會各種招數，配合對手與狀況出招，就能心平氣和地因應事態。

前一章〈地形〉中，我們主要是用「組織管理」的觀點來解讀《孫子兵法》。而在〈九地〉當中，我們要改從對外的「情勢研判」與「因應之道」等觀點，來加以解讀。

懂得閱讀跨越時代而且廣為傳閱的經典作品，回歸當中的原理、原則，在遭逢重大轉型期時，更能懷抱堅定的處世準則。

很多時候，大膽的方案都會被業界長久以來「不成文的規定」、「習慣」或「以往的成功經驗」否決。不過想要突破圍地，有時也需要一些願意力排眾議的判斷。別忘了，那些受「前例」牽絆的自己人，其實也是包圍自家公司的敵人之一。

從不同戰場情境，學習商場克敵的六種應變之道

十一-①

孫子曰：凡用兵之法，有散地，有輕地，有爭地，有交地，有衢地，有重地，有圮地，有圍地，有死地。諸侯自戰其地者，為散地[十一-②]；入人之地而不深者，為輕地[十一-③]；我得則利，彼得亦利者，為爭地[十一-④]；我可以往，彼可以來者，為交地；諸侯之地三屬，先至而得天下之眾者，為衢地[十一-⑤]；入人之地深，背城邑多者，為重地[十一-⑥]；山林、險阻、沮澤，凡難行之道者，為

圮地；所由入者隘，所從歸者迂，彼寡可以擊吾之眾者，為圍地[十一-⑧]；疾戰則存，不疾戰則亡者，為死地。是故散地則無戰，輕地則無止，爭地則無攻，交地則無絕，衢地則合交，重地則掠[十一-⑦]，圮地則行，圍地則謀[十一-⑨]，死地則戰[十一-①]。

在〈九地〉當中，孫子具體地提出了九個不同的狀況，強調「這種時候，就要如此因應[十一-①]」。其中，「交地」、「圮地」和「死地」的相關論述，多與前面探討過的內容重複，因此，此處我們要解讀剩下的六種狀況。

❶ 散地：回歸「門外漢」心態，學習先進科技

孫子在寫到，所謂的散地，就是「敵人入侵我國的狀態[十一-②]」。從士兵的角度來看，他們會因為擔憂留在故鄉的家人是否被捲入戰火而魂不守舍，根本無心打仗。孫子說，這時應該「中斷戰事，重整旗鼓」，也就是要「重新設定目標，讓心情歸零」。

我將這段內容，解讀為在轉型期的應戰方式。比方說，**我們要抱持門外漢的心態，從零開始學習先進科技**。

對應轉型期，我們固然必須將「妥善運用自家企業的強項」列為首要考量，但想必也會出現不少情況，需要導入自家企業不曾接觸過的科技。這時，**我們要抱持「重新當小學生」的心態，從零開始學習這些科技。這件事說起來理所當然，但其實難度相當高，因為每個人都害怕拋棄自己既往的經驗法則**。

舉例來說，目前正逐漸普及的「雲端運算」技術，是提升後勤業務效率與降低成本的解決方案之一。然而，有些經營者竟然連好好查資料都不肯，就認為「我們公司的事業不需要這項技術」。

其實不只雲端，科技日新月異地進化，但為什麼有些企業享受不到它們帶來的好處？說穿了，就是因為這些企業無法變回門外漢，沒有勇氣拋棄昔日的經驗法則。

相反地，門外漢在轉型期獲勝的案例，時有所聞。這是因為一無所知的門外漢，最能虛懷若谷地學習新科技。半吊子的知識，是學習新知最大的阻礙。

❷輕地：重新問問自己：「那項技術中有精神可言嗎？」

孫子所說的輕地，就是「踏進敵國的狀態」[十一-③]。不過，由於尚未深入敵陣，所以是「還來得及逃回國」。這時的士兵，已無法專注於眼前的事物。

就企業而言，如果打算認真投入一件事，究竟需要具備什麼要素呢？我認為答案是「願景」。而當我把這個問題，套用到轉型期的商業活動上來思考時，腦海中浮現的，是佐久間象山。佐久間象山是江戶時代後期的松代藩士[1]、兵學家和朱子學家，也被譽為日本科學技術研究的先驅。他親手打造許多「日本第一」的發明，其中還包括了顯微鏡和望遠鏡等。

佐久間象山留下了這句話：「那項技術中有精神可言嗎？」**如何運用這份精神，攸關一項技術將如何發展。而在企業當中，我們將這份精神稱為願景或理念。**

當年經濟處於高度成長期下的日本，任何產品只要一推出，立刻就能暢銷熱賣，根本沒人談什麼理念。然而，在今日這個物質充裕的時代，情況已截然不同。

企業能夠提出「我們想創造如此的社會，所以我們希望能提供某一項服務，並以某一項科技作為解方，做這樣的運用」等願景，並吸引有共鳴的員工、廠商、投資人或消費者聚集，才有機會成長。反之，號稱「這個也會，那個也行」，連願景都沒有，凡事皆以技術為導向的企業，到頭來會連十年都撐不過。

和各位分享一個很好的例子。豐田（TOYOTA）汽車目前正在富士山腳下開發一個名叫「編織之城」（Woven City）的實驗都市。他們為了實現「創造未來城市」的願景，匯集包括自動駕駛車在內的各項先進技術。這項開發案能夠吸引NTT等逾三百家日本企業參與，建構出一個純日商的團隊，正是因為贊助商認同豐田汽車的願景。如果只是一家標榜「打造無人駕駛車」的技術導向企業登高一呼，恐怕得不到這麼熱烈的響應。

為技術賦予精神的是人。當我們把觸角伸向新技術時，不妨重新問問自己：這項技術，能幫助我們實現什麼樣的願景？

1 松代藩位於今日的長野縣長野市，佐久間象山是隸屬於此地的家臣。

❸爭地：專注於單一的專門領域，並深入發展，成為市場上的獨門企業

孫子所謂的爭地，是指「控制此處，對戰況有利」的地點[十一-④]，也就是戰術上的要衝。

既然如此，當然也會有很多競爭對手爭搶這個地點。套用在現代社會，其實情況也一樣。許多競爭者大舉搶進各界認為「未來成長可期」的產業，這時，在人力和財力上都不如大企業的新創或中小企業，究竟該如何應戰呢？

我的答案就是「成為獨門企業」。此處，我們要聚焦在商業模式上。單就產品及服務而言，或許與其他企業有些相似之處，但只要我們的商業模式與眾不同，就能成為獨門企業。

距今三十五年前，A公司的老闆找上我，他問：「我們公司所在的產業領域很狹窄，這種公司也能大展鴻圖嗎？」我很能體會這位老闆的擔憂。A公司是專門生產桌球拍的製造商，老闆擔心萬一大型體育用品製造商加入，這麼小眾的市場，以及小型的專業廠商等企業，豈不是要被趕出業界了嗎？

不過，事情真的會這樣發展嗎？京都有很多歷史悠久的商號，請您想像一下這些店家的

建築樣式。許多商家都希望出入口面向人潮熙來攘往的大街，因此千門萬戶地比鄰而築。如此一來，家家戶戶的門面都變得很窄，但縱深卻很長。

企業也是一樣，門面狹窄也無妨，我們可以把足夠的縱深作為目標，在面對同業中每一家大企業時，都能做到「不戰而勝」即可。

我向Ａ公司提出兩個建議：一是努力推廣桌球，讓它成為全球主流運動；而為了讓桌球成為主流，要把日本培養成全球名列前茅的桌球強國。再者，就是要「講究膠皮」。「膠皮」是桌球拍上貼的橡膠薄膜，它的特性，會影響球的旋轉方式和速度，是與球拍密不可分的重要元素。

後來，桌球真的成為主流運動項目，甚至還有了職業聯盟。而日本也已發展成桌球強國，在二〇二一年的東京奧運會上奪下金牌。桌球運動能發展得如此興盛，背後的原因，就是由於Ａ公司的大力耕耘。

如今，Ａ公司在桌球界已是無人不知、無人不曉。Ａ公司一路走來，不只是賣球拍而已。他們精益求精地鑽研「球拍與膠皮」的生產技術，再加上「讓桌球成為全球主流運動」的願景，因此成功晉升為獨門企業。

❹衢地：「和大企業聯手」也是一種戰法

所謂的「衢地」，就是接壤多國的交通要衝。十一－⑤孫子在〈九變〉中也提到，「要懂得找出方法，跟位在交通要衝，且能以其他大國為後盾的國家建立邦誼，避免與之交戰，還要和周邊大國建立連結」。

此處我們不妨將「國家」換成企業，而且是用公司隸屬的「職業團體」來想像一下。平時再怎麼爭得你死我活的同業，到了職業團體聚會的場合，大家還是會喝得酒酣耳熱，度過友好的時光。在這樣的情境下，要拉攏和業界巨頭之間的關係，其實非常容易。

如果不和那些直接與自家公司競爭的「小蝦米」為伍，而是與大企業聯手如何？我們就不必甘於再當個「承包商的承包商」，還可以朝「向大企業直接承攬業務」的目標邁進，毋須汲汲於與「小蝦米」之間的競爭。

❺重地：透過併購，為十年苦功找捷徑

重地指的是「已進攻到敵國深處，敵軍後方就是主城」的狀態。十一－⑥這時，接下來就要攻城

的士兵會很倉皇，擔心「說不定沒辦法活著回去」。這時究竟該怎麼辦呢？

孫子在書中寫到：「要做好長期抗戰的心理準備，在當地張羅食材與物資。[十一⑦]」持續耕耘現階段能做到的事，等待打破現狀的良機。

我希望您能把這一小節，當作是「企業若要跨足沒有經驗的新事業，究竟該怎麼做才好？」的指引。累積必要的知識及技術，固然很重要，然而，如果要花個十年、二十年才能達到可實用的等級，那可就傷腦筋了。這樣的速度，恐怕跟不上時代重大轉型的腳步。

這時，建議您不妨評估「併購」（M&A）這個最後手段。先看看自家公司缺少哪些知識或技術，接著收購擁有這些資源的企業，走最短路徑，用最快速度為轉型期預作準備。

❻圍地：勇於打破前例，才能突破重圍

所謂的圍地，就是被敵軍包圍，進退維谷的狀態[十一⑧]。正面對決也無法突破這樣的窘境，孫子認為，這時需要的是「謀略」[十一⑨]。而在這一節，我們要把「謀略」替換成「採取無前例可循的大膽方式」。

和各位分享一個啤酒大廠B公司的案例。當時B公司的業績低迷許久，所以C總經理認為「要跳脫這種慢性貧窮的狀態，一定要有劃時代的方案才行。」有一天，某位課長提出兼具醇厚和辛辣口感的「醇辣型啤酒」方案。以往啤酒業界的常識，認為產品若非醇厚型，就是辛辣型。而C總經理當下直覺地認為：「這就是我要的！」

不過，所有董事都反對這項提案。其中有人表示：「我知道用那種酵母菌，就可以讓醇厚和辛辣並存。但是，用了那種方便的酵母，到時候會淪為業界的笑柄，說我們公司根本沒技術。」C總經理力排眾議，堅持試作出醇辣型的啤酒，結果釀出來的美味，讓所有董事都不敢再提出反對意見。

很多時候，大膽的方案都會像這個案例一樣，被業界長久以來「不成文的規定」、「習慣」或「以往的成功經驗」否決。不過想要突破圍地，有時也需要一些願意力排眾議的判斷。別忘了，那些受**「前例」牽絆的自己人，其實也是包圍自家公司的敵人之一**。

《第十二章》

火攻

孫子的提問

您是否已充分應用
足與大企業抗衡的先進技術？

〈火攻〉一如字面所述，談的是用火進攻之道。其中出現以下的描述：

「火攻共可分為五種：在山野或林地放火燒伏兵，燒毀野外倉庫儲放的物資，火燒物資運送部隊，燒毀儲存物資的倉庫，以及火燒紮營中的部隊。」[十二-①]

另外，在水攻方面，則有以下這樣的描述：

「火攻是動腦尋求在短期內獲勝的戰法，水攻則是挾強大的戰力，讓戰事進入長期抗戰的戰法。」[十二-②]

因此，我們其實也可以這麼說：火攻篇強調「出兵打仗」以外的作戰方式。因為世上的確有些作戰不必仰賴兵強馬壯，而且效果甚至比出兵打仗來得更好。若能學會這一套戰法，效果堪比新增一支部隊。回顧歷史，曾權傾天下的豐臣秀吉，就是一位精通水攻的大師。

至於在企業活動方面，所謂的「火攻」與「水攻」，指的又是什麼呢？我想試從「提升企業社會評價」的角度來思考這個問題。

只要妥善運用雲端服務，新創與中小企業也能享有和大企業同等級的資訊基礎。如此一來，在研發優質產品及服務的競爭中，新創、中小企業就能縮短與大企業之間的差距。

活用雲端服務，小公司也能與大企業抗衡

孫子曰：凡火攻有五：一曰火人，二曰火積，三曰火輜，四曰火庫，五曰火隊。(十二-①) 行火必有因，烟火必素具。發火有時，起火有日。時者，天之燥也。日者，月在箕、壁、翼、軫也。凡此四宿者，風起之日也。凡火攻，必因五火之變而應之：火發於內，則早應之於外；火發而其兵靜者，待而勿攻，極其火力，可從而從之，不可從則止；火可發於外，無待於內，以時發之；火發上風，無攻下風；晝風久，夜風止。凡軍必

知有五火之變，以數守之。故以火佐攻者明，以水佐攻者強。水可以絕，不可以奪。（十二-②）

「提升企業社會評價」是什麼意思呢？**最好的方法，當然是在企業活動當中，為社會供應優質的產品跟服務，藉以提升企業在社會上的觀感**。不過，除此之外，企業還能透過其他活動來推升社會評價。

比方說透過科技來推動創新，應該算是最經典的例子。

回顧過去三十年，如果要說社會上有什麼技術呈現長足的進步，那麼「代替人力作業的技術」必定是其中之一。

我在第四章〈軍形〉當中也提過，在我出生的昭和時代，車站自動剪票機就是「代替人力作業的技術」的一大象徵。不久之前，日本還可以看得到站務員站在剪票口，用剪票鉗在旅客車票上打洞的光景。時至今日，這些業務已完全被自動剪票機取代了。

說得更深入一點，由於車票變成電子票卡，「每次搭車前都要買票」這個麻煩的步驟逐漸消失。電子票卡不只能搭電車，甚至連搭公車、計程車都能使用，只剩飛機不能刷票卡搭乘。新科技就像這樣，還能成為催生新服務的搖籃。

許多可取代既有工作的科技也紛紛問世。比方說，在第十一章〈九地〉當中提到的「雲端科技」，就是一個例子。

雲端科技，可說是替我們處理了以往需要耗費許多人力和經費的資料保存、考勤管理、內部行事曆管理跟共用工作，以及其他後勤業務的負擔。透過雲端科技處理上述業務，企業毋需大費周章地引進特殊設備或系統，也不必設置專責的承辦人員，只要每月支付固定金額的費用，就能透過網際網路，在必要時使用服務。

這件事究竟有多麼創新呢？亞馬遜公司旗下的「AWS」，在雲端服務領域是全球市占龍頭。亞馬遜的執行長安迪．賈西（Andy Jassy）曾這麼說：「我們想像的世界，是住在宿舍裡的大學生，也能和國際級大企業使用相同的基礎設備。對新創或中小企業而言，與大企業擁有相同的成本結構，代表他們能開創出一個可與大企業抗衡的場域。」（節錄自《什麼都能賣！：貝佐斯如何締造亞馬遜傳奇》（The Everything Store: Jeff Bezos and the Age of Amazon），布萊德．史東著，繁體中文版由天下文化發行）。

只要妥善運用雲端服務，新創與中小企業也能享有和大企業同等級的資訊基礎。如此一來，在研發優質產品及服務的競爭中，新創企業跟中小企業就能縮短與大企業之間的差距。初期或許會因為不熟悉這項科技而焦頭爛額，但只要想想後續的益處，就會覺得吃這些苦頭很值得。

而這正是**戰力不如人的一方，動腦設法在短期內贏得勝利的「現代火攻」戰略**。

倘若企業的宣傳內容引發大眾的共鳴，那麼公司相關資訊就可以透過網路社群等平台迅速擴散，企業的讚譽之聲，甚至還能跨越國境，擴及海外。這些好評在企業銷售產品與服務之際，都能提供強大的火力支援。

重視永續經營的同時，也要善用網路社群宣傳，有效提升企業形象

還有一項進步幅度驚人的科技，就是溝通科技。網路的問世，讓紙本信件變成電子郵件，市內電話變成行動電話，再發展成智慧型手機，社會上每個人都蒙受其利。然而，企業呢？懂得將溝通科技的進步與自家經營策略結合的企業，竟少得出奇。

儘管如今「仍然使用傳真機而不用電子郵件」的企業已大幅減少，但許多公司對外的資訊傳播手法，仍相當落伍。以日本國內市場而言，有些企業已在X（前稱為推特）及YouTube等社群平台開設帳號；但與國外市場的溝通互動，可說是一片荒蕪，實在非常可惜。

早期一提到資訊傳播，就會讓人聯想到電視跟報紙等主流媒體。過去，企業還必須研擬大規模宣傳策略，包括挹注龐大預算投放廣告等。然而，現在各式溝通科技已相當普及，企業要主動傳播資訊，已較以往容易許多。

倘若企業的宣傳內容引發大眾的共鳴，那麼公司相關資訊就可以透過網路社群等平台迅速擴散，企業的讚譽之聲，甚至還能跨越國境，擴及海外。這些好評在企業銷售產品與服務之際，都能提供強大的火力支援。

我經常聽到企業對經營溝通工具感到遲疑，擔心「聽起來不錯，但我們又沒有懂英文的人才」。其實近來就連語言的隔閡，都有很大部分可透過AI的自動翻譯等技術來克服。

如果您服務的企業致力於社會貢獻領域，推行企業社會責任（Corporate Social Responsibility，簡稱CSR）等相關活動，建議您不妨積極向全球傳播這些資訊。

有一派看法認為，公司事業本身就是「為人群、為社稷」而推動，光是發展事業，就已經是了不起的社會貢獻，不必特別強調企業社會責任也無妨。然而，如今時代的風向已逐漸改變，企業必須更積極地「將獲利回饋給社會」，才能獲得肯定。所以，包括大企業在內的許多公司，如今都積極推動企業社會責任，並對外宣傳公司的相關行動，就是這個緣故。

尤其近年來，「永續經營」備受關注。「消除貧困」、「實現性別平等」、「讓全民享有優質的教育機會」……公司的事業，究竟能為這些聯合國高峰會通過的十七項「永續發展目標」，做出什麼貢獻？這是衡量企業社會評價的重要指標。

不過，請您特別留意一個重點：發展偏離本業的社會貢獻活動，並沒有意義。**企業透過充分發揮自身優勢的本業，為實現永續經營貢獻己力，才是真正的永續行動，如此一來「創造美好社會」的影響力也才夠強大。**此外，正因為這些社會貢獻活動與本業直接相關，所以宣傳自己的永續經營活動，就等於是宣傳自家企業的願景。

發揮公司的綜合實力，長期發展回饋社會的活動，就是所謂的「**水攻**」。

如果**自己的事業對永續經營有所貢獻，就應該毫不猶豫地對外宣傳**。「為善不欲人知」或許可說是日本人的美德，但企業若有心提升社會評價，就不能自謙。尤其是在科技大幅降低資訊傳播門檻的今日社會，建議您不妨多向社會宣傳自家企業的活動狀況。

《第十三章》

用間。

孫子的提問

在這個講求資訊力的時代，
您是否持續提升自己的人品？

時代變遷，生活方式、價值觀與科技也跟著改變。然而，有一點從孫子的時代到今天都不曾改變，那就是資訊的重要性。

在孫子留下的名言當中，「知己知彼，百戰不殆」尤其膾炙人口。其實仔細深究，會發現它的意思是「世上一切都是資訊戰（Information Warfare）」。距今兩千五百多年前，孫子就闡述過資訊戰的重要性。而在本書中，我也多次強調：商場上必須確實蒐集資訊，根據精準的資訊，也就是科學證據來作戰。

孫子兵法的最後一章〈用間〉，同樣是強調蒐集資訊的關鍵性。其中，孫子在開頭就如此斷言道：

「因為吝惜金錢，而不肯積極蒐集敵情者，簡直是不仁之至。[十二－①]」

「不仁之至」意指「最低劣的人」。這句話套用在國家或企業上，也完全說得通。附帶一提，所謂的「用間」，就是為了蒐集敵情所派出的間諜。而在現代，我們可以將它解讀為「值得信任的專家」或「確切的消息來源」。

不論是挖掘顧客需求、研擬經營策略、經濟環境分析或商品開發等領域，都有專家。而企業要借重的，就是他們的力量。既然我們要仰賴的對象，是頂尖的專業人士，那就不能在酬勞或交際費上斤斤計較。

借重專家團隊的協助，有效蒐集情報，成為資訊戰中的勝者

孫子曰：凡興師十萬，出征千里，百姓之費，公家之奉，日費千金，內外騷動，怠於道路，不得操事者，七十萬家。相守數年，以爭一日之勝（十三－②），而愛爵祿百金，不知敵之情者，不仁之至也（十三－①），非人之將也，非主之佐也，非勝之主也。故明君賢將，所以動而勝人，成功出於眾者，先知也。先知者，不可取於鬼神，不可象於事，不可驗於度，必取於人，知敵之情者也。

能否做到「請求專家團隊提供資訊」這一點，將左右資訊戰的成敗。孫子不只說「別吝於為資訊花錢」（十三－①），還針對這句話，詳細地說明了箇中原因。

十三－②

「要將十萬大軍送到千里之外的遠方，國家每天需要投入千金的軍費，因此民眾必須背負沉重的租稅負擔。不僅如此，更有多達七十萬戶家庭，在戰爭中被派去為遠征大軍奔走，協助後勤支援，修建運補物資的道路，因而無法專心務農。花費好幾年的時間，付出如此慘痛的犧牲，最後戰爭竟在僅僅一天內就定出勝負。如果因為吝惜在資訊上投入資金，到頭來打了敗仗，豈不是血本無歸嗎？」

好幾十年的堅忍奮鬥，可能因為一場勝利而得到回報；但有時只不過是一次的敗仗，就讓過去所有的努力付諸流水。此時，掌握勝負關鍵的，就是資訊。因此，我們在蒐集資訊上應該不惜任何花費。

那麼，我們究竟該如何蒐集資訊？又該蒐集哪些資訊呢？

孫子說這時就該運用「間諜」。不過在現代，派遣間諜已是不切實際的想法。所以，我們不妨將間諜解讀成「值得信任的專家」。

或許有些人會認為，只要上網搜尋，資料不是要多少就有多少嗎？然而，這種「人人都能取得的資訊」，並不值得我們付錢取得。況且網路上充斥著證據薄弱的謠言，或是以誹謗、中傷他人為目的的假新聞，甚至是由不負責任且缺乏專業的門外漢所寫的部落格文章。

因此，我們需要借重專家的長才。請您抱持「發掘各領域專家」的心態，例如這個領域找A，那個領域是B，還有那個領域是C……等等，尋求與公司業務領域相關而且學養豐富的專家。

就我的觀察，規模再小的企業，都會有至少五十個需要專業知識的領域。如果每個領域都找五位專家，那就必須建立多達兩百五十人的團隊，作為值得公司仰賴的協助者。不論是挖掘顧客需求、研擬經營策略、經濟環境分析或商品開發等領域，都有專家。而企業要借重的，就是他們的力量。

既然我們要仰賴的對象，是頂尖的專業人士，那就不能在酬勞或交際費上斤斤計較。

能否做到「請求專家團隊提供資訊」這一點，將左右資訊戰的成敗。

具備人格魅力的人能夠獲得眾人的支持與協助，即使企業家本人經營手腕不夠高明，他的事業也可以非常成功。聽起來似乎很可笑，但企業家其實就是這麼一回事。

「人品」是取得情報的關鍵，與人為善讓你獲得支持與幫助

「故三軍之事，莫親於間，賞莫厚於間，事莫密於間，非聖智不能用間，非仁義不能使間，非微妙不能得間之實。微哉！微哉！無所不用間也。間事未發而先聞者，間與所告者皆死。」十三－③

不過，「間諜」可是一份賭上性命的工作。他們賣命蒐集來的資訊，並不是交給誰都無妨。即使經營者希望依賴專家，專家是否願意提供協助，取決於他是否認為「為了這位企業家是值得的」。《孫子兵法》中，有一段這樣的描述：

十三－②

「想拿到確切可信的資訊，那麼委託他人蒐集資訊的人，本身就必須擁有高風亮節的人品。當資訊提供者認為『這個人值得幫忙』，並且對他心存尊敬與感激，企業才能取得值得參考的優質資訊。所以，團隊的主管必須德高望重且充滿慈愛，還必須有能力顧慮他人內心細微的變化才行。」

成為深受優秀專家崇拜、德高望重的人吧！這個道理，在商場上也適用。企業家可不是只需派人蒐集資訊，自己則大搖大擺地坐在總經理的椅子上悠哉。總經理自己也必須努力不懈，廣泛提升各方面的素養與領導統御能力，還要學會識人之道，否則誰都不願意助您一臂之力。

說得極端一點，其實資訊必須靠人品蒐集而來。如果想取得資訊，那麼首要之務，就該從提升累積人品與受人愛戴開始做起。

我是一位幫助經營者的專家。回顧過去，我也曾因為「如果是他的話，我願意幫忙」的心態，選擇把生意擺一邊，和許多知名的企業家往來，為他們提供相當完整的資訊。這些企業家，都是十分值得景仰的人物。甚至令我不禁心想：「世界上怎麼有這麼完美的人？」所謂的完美，並不是一板一眼或不苟言笑。他們個個都很擅長插科打諢，逗得大家開懷大笑，而且渾身充滿與人為善的魅力，讓周遭與之相處過的人，都為他們著迷。

坦白說，我並不認為那些給人「很會作生意」或「他的公司應該會鴻圖大展吧！」等印象的企業家有什麼了不起。真正重要的，是他有沒有與人為善的魅力。具備人格魅力的人能夠獲得眾人的支持與協助，即使企業家本人經營手腕不夠高明，他的事業也可以非常成功。聽起來似乎很可笑，但企業家其實就是這麼一回事。

在這個資訊勝過一切的時代，更要懂得提升人品。這句話堪稱是企業經營的原點。因此，我想以這句話，作為本書的結尾。

【附錄】

《孫子兵法》原文

一、始計

孫子曰：兵者，國之大事，死生之地，存亡之道①，不可不察也②。故經之以五事，校之以計，而索其情：一曰道，二曰天，三曰地，四曰將，五曰法。道者，令民與上同意，可與之死，可與之生，而不畏危也。天者，陰陽、寒暑、時制也。地者，高下、遠近、險易、廣狹、死生也③。將者，智、信、仁、勇、嚴也④。法者，曲制、官道、主用也。凡此五者，將莫不聞，知之者勝，不知者不勝。

故校之以計而索其情，曰：主孰有道⑥？將孰有能？天地孰得？法令孰行？兵眾孰強？士卒孰練⑤？賞罰孰明？吾以此知勝負矣。

將聽吾計，用之必勝，留之；將不聽吾計，用之必敗，去之。計利以聽，乃為之勢，以佐其外。勢者，因利而制權也⑦。

兵者，詭道也⑧。故能而示之不能，用而示之不用，近而示之遠，遠而示之近。利而誘之，亂而取之，實而備之，強而避之，怒而撓之，卑而驕之，佚而勞之，親而離之。攻其無備，出其不意。此兵家之勝，不可先傳也。

夫未戰而廟算勝者，得算多也；未戰而廟算不勝者，得算少也。多算勝，少算不勝，而況於無算乎？吾以此觀之，勝負見矣。

二、作戰

[二－③]孫子曰：凡用兵之法，馳車千駟，革車千乘，帶甲十萬[二－①]，千里饋糧，則內外之費，賓客之用，膠漆之材，車甲之奉，日費千金[二－②]，然後十萬之師舉矣。其用戰也，貴勝，久則鈍兵挫銳，攻城則力屈，久暴師則國用不足。夫鈍兵挫銳，屈力殫貨，則諸侯乘其弊而起，雖有智者，不能善其後矣。故兵聞拙速[二－④]，未睹巧之久也。夫兵久而國利者，未之有也。故不盡知用兵之害者，則不能盡知用兵之利也[二－⑤]。

善用兵者，役不再籍，糧不三載；取用於國，因糧於敵，故軍食可足也。國之貧於師者遠輸，遠輸則百姓貧；近師者貴賣，貴賣則百姓財竭，財竭則急於丘役。力屈財殫，中原內虛於家。百姓之費，十去其七；公家之費，破車罷馬，甲胄矢弩，戟楯蔽櫓，丘牛大車，十去其六。

故智將務食於敵，食敵一鍾，當吾二十鍾；芑稈一石，當吾二十石。

故殺敵者，怒也；取敵之利者，貨也。故車戰，得車十乘以上，賞其先得者，而更其旌旗。車雜而乘之，卒善而養之，是謂勝敵而益強。

故兵貴勝，不貴久[二-③]。故知兵之將，民之司命，國家安危之主也。

三、謀攻

孫子曰：夫用兵之法，全國為上，破國次之；全軍為上，破軍次之；全旅為上，破旅次之；全卒為上，破卒次之；全伍為上，破伍次之。是故百戰百勝，非善之善者也；不戰而屈

人之兵，善之善者也。[三－①]故上兵伐謀，其次伐交，其次伐兵，其下攻城。[三－②]

攻城之法，為不得已。修櫓轒轀，具器械，三月而後成；距闉，又三月而後已。將不勝其忿，而蟻附之，殺士卒三分之一，而城不拔者，此攻之災也。

故善用兵者，屈人之兵而非戰也，拔人之城而非攻也，毀人之國而非久也，必以全爭於天下，故兵不頓而利可全，此謀攻之法也。

故用兵之法，十則圍之，五則攻之，倍則分之，敵則能戰之，少則能守之，不若則能避之。故小敵之堅，大敵之擒也。

夫將者，國之輔也。輔周則國必強，輔隙則國必弱。故君之所以患於軍者三：不知軍之不可以進而謂之進，不知軍之不可以退而謂之退，是為縻軍；不知三軍之事，而同三軍之政，則軍士惑矣；不知三軍之權，而同三軍之任，則軍士疑矣。三軍既惑且疑，則諸侯之難至矣，是謂亂軍引勝。

三－④

故知勝有五：知可以戰與不可以戰者勝，識眾寡之用者勝，上下同欲者勝，以虞待不虞者勝，將能而君不御者勝三－③。此五者，知勝之道也。

故曰：知彼知己，百戰不殆三－⑤；不知彼而知己，一勝一負；不知彼不知己，每戰必殆。

四、軍形

孫子曰：昔之善戰者，先為不可勝，以待敵之可勝。不可勝在己，可勝在敵。故善戰者，能為不可勝，不能使敵之可勝。故曰：勝可知，而不可為。

不可勝者，守也；可勝者，攻也。守則不足，攻則有餘。善守者，藏於九地之下；善攻者，動於九天之上，故能自保而全勝也。

見勝不過眾人之所知，非善之善者也四－②；戰勝而天下曰善，非善之善者也。故舉秋毫不為多力，見日月不為明目，聞雷霆不為聰耳[四—④]。古之所謂善戰者，勝於易勝者也。故善戰者之勝也，無智名，無勇功。故其戰勝不忒。不忒者，其所措必勝，勝已敗者也。故善戰者，立於不敗之地，而不失敵之敗也[四—①]。是故勝兵先勝而後求戰[四—③]，敗兵先戰而後求勝。

善用兵者，修道而保法，故能為勝敗之政。兵法：一曰度，二曰量，三曰數，四曰稱，五曰勝。

地生度，度生量，量生數，數生稱，稱生勝。

故勝兵若以鎰稱銖，敗兵若以銖稱鎰。

勝者之戰民也，若決積水於千仞之谿者，形也。

五、兵勢

孫子曰：凡治眾如治寡，分數是也；鬥眾如鬥寡，形名是也；三軍之眾，可使必受敵而[五—①]無敗者，奇正是也；兵之所加，如以碬投卵者，虛實是也。

凡戰者，以正合，以奇勝。故善出奇者，無窮如天地，不竭如江海[五-②]。終而復始，日月是也。死而復生，四時是也[五-③]。聲不過五，五聲之變，不可勝聽也。

色不過五，五色之變，不可勝觀也；味不過五，五味之變，不可勝嘗也[五-④]；戰勢不過奇正，奇正之變，不可勝窮也。奇正相生，如循環之無端，孰能窮之哉？

激水之疾，至於漂石者，勢也；鷙鳥之疾，至於毀折者，節也[五-⑦]。故善戰者，其勢險，其節短。勢如彍弩，節如發機。

紛紛紜紜，鬥亂而不可亂也；渾渾沌沌，形圓而不可敗也。亂生於治，怯生於勇，弱生於強。治亂，數也；勇怯，勢也；強弱，形也。

故善動敵者，形之，敵必從之；予之，敵必取之。以利動之，以卒待之。

故善戰者，求之於勢，不責於人，故能擇人而任勢[五-⑤]。任勢者，其戰人也，如轉木石。木石之性，安則靜，危則動，方則止，圓則行[五-⑥]。故善戰人之勢，如轉圓石於千仞之山者，勢也。

六、虛實

孫子曰：凡先處戰地而待敵者佚，後處戰地而趨戰者勞[六-①]。故善戰者，致人而不致於人[六-②]。能使敵自至者，利之也；能使敵不得至者，害之也。故敵佚能勞之，飽能飢之，安能動之。出其所不趨，趨其所不意。行千里而不勞者，行於無人之地也。

攻而必取者，攻其所不守也；守而必固者，守其所不攻也。故善攻者，敵不知其所守；善守者，敵不知其所攻。微乎微乎！至於無形[六-③]；神乎神乎！至於無聲，故能為敵之司命。進而不可禦者，沖其虛也；退而不可追者，速而不可及也。

故我欲戰，敵雖高壘深溝，不得不與我戰者，攻其所必救也；我不欲戰，雖畫地而守之，敵不得與我戰者，乖其所之也。

故形人而我無形，則我專而敵分。我專為一，敵分為十，是以十攻其一也，則我眾而敵寡。能以眾擊寡者，則吾之所與戰者，約矣。吾所與戰之地不可知，不可知，則敵所備者多，敵所備者多，則吾之所與戰者寡矣。故備前則後寡，備後則前寡，備左則右寡，備右則左寡，無所不備，則無所不寡。寡者，備人者也；眾者，使人備己者也。故知戰之地，知戰之日，則可千里而會戰；不知戰之地，不知戰之日，則左不能救右，右不能救左，前不能救後，後不能救前，而況遠者數十里，近者數里乎！

以吾度之，越人之兵雖多，亦奚益於勝敗哉！故曰：勝可為也。敵雖眾，可使無鬥。

故策之而知得失之計，作之而知動靜之理，形之而知死生之地，角之而知有餘不足之處。

故形兵之極，至於無形。無形，則深間不能窺，智者不能謀。因形而措勝於眾，眾不能知。人皆知我所以勝之形，而莫知吾所以制勝之形。故其戰勝不復，而應形於無窮。

夫兵形象水，水之行，避高而趨下；兵之形，避實而擊虛。水因地而制流，兵因敵而制勝。故兵無常勢，水無常形，能因敵變化而取勝者，謂之神。故五行無常勝，四時無常位，日有短長，月有死生。

七、軍爭篇

孫子曰：凡用兵之法，將受命於君，合軍聚眾，交和而舍，莫難於軍爭。軍爭之難者，以迂為直，以患為利。故迂其途，而誘之以利，後人發，先人至，此知迂直之計者也[七—①]。

故軍爭為利，軍爭為危。舉軍而爭利，則不及；委軍而爭利，則輜重捐。是故卷甲而趨，日夜不處，倍道兼行，百里而爭利，則擒三將軍[七—②]，勁者先，疲者後，其法十一而至；五十里而爭利，則蹶上軍將，其法半至；三十里而爭利，則三分之二至。是故軍無輜重則亡，無糧食則亡，無委積則亡。

故不知諸侯之謀者，不能豫交；不知山林、險阻、沮澤之形者，不能行軍；不用鄉導者，不能得地利。

故兵以詐立，以利動，以分合為變者也。故其疾如風，其徐如林，侵掠如火，不動如山，難知如陰，動如雷震。掠鄉分眾，廓地分利，懸權而動。先知迂直之計者勝，此軍爭之法也。

《軍政》曰：「言不相聞，故為金鼓；視不相見，故為旌旗。」夫金鼓旌旗者，所以一民之耳目也。民既專一，則勇者不得獨進，怯者不得獨退，此用眾之法也。故夜戰多火鼓，晝戰多旌旗，所以變人之耳目也。三軍可奪氣，將軍可奪心。

是故朝氣銳，晝氣惰，暮氣歸。故善用兵者，避其銳氣，擊其惰歸，此治氣者也；以治待亂，以靜待譁，此治心者也；以近待遠，以佚待勞，以飽待飢，此治力者也；無邀正正之旗，無擊堂堂之陣，此治變者也。

故用兵之法，高陵勿向，背丘勿逆，佯北勿從，銳卒勿攻，餌兵勿食，歸師勿遏，圍師必闕，窮寇勿迫，此用兵之法也。

八、九變

[八-①]孫子曰：凡用兵之法，將受命於君，合軍聚眾。圮地無舍[八-②]，衢地合交[八-③]，絕地無留，圍地則謀，死地則戰[八-④]。

途有所不由，軍有所不擊，城有所不攻，地有所不爭，君命有所不受[八-⑤]。故將通於九變之利者，知用兵矣；將不通於九變之利，雖知地形，不能得地之利矣；治兵不知九變之術，雖知五利，不能得人之用矣。

是故智者之慮，必雜於利害，雜於利而務可信也，雜於害而患可解也。是故屈諸侯者以害，役諸侯者以業，趨諸侯者以利。

故用兵之法，無恃其不來，恃吾有以待之；無恃其不攻，恃吾有所不可攻也[八-⑥]。

故將有五危：必死，可殺也；必生，可虜也；忿速，可侮也；廉潔，可辱也；愛民，可煩也。凡此五者，將之過也，用兵之災也。覆軍殺將，必以五危，不可不察也。

九、行軍

[九一①]
孫子曰：凡處軍相敵，絕山依谷，視生處高，戰隆無登[九一③]，此處山之軍也[九一②]。絕水必遠水，客絕水而來，勿迎之於水內，令半濟而擊之[九一⑤]，利；欲戰者，無附於水而迎客，視生處高，無迎水流，此處水上之軍也[九一④]。絕斥澤，惟亟去無留，若交軍於斥澤之中，必依水草，而背眾樹，此處斥澤之軍也[九一⑥]。平陸處易，而右背高，前死後生，此處平陸之軍也[九一⑦]。凡此四軍之利，黃帝之所以勝四帝也。

凡軍好高而惡下，貴陽而賤陰，養生而處實，軍無百疾，是謂必勝。丘陵堤防，必處其陽，而右背之，此兵之利，地之助也。

上雨，水沫至，欲涉者，待其定也。凡地有絕澗、天井、天牢、天羅、天陷、天隙，必亟去之，勿近也。吾遠之，敵近之；吾迎之，敵背之。

軍旁有險阻、潢井、葭葦、林木、蘙薈者，必謹覆索之，此伏奸之所處也。敵近而靜者，恃其險也；遠而挑戰者，欲人之進也；其所居易者，利也；眾樹動者，來也；眾草多障者，疑也；鳥起者，伏也；獸駭者，覆也；塵高而銳者，車來也；卑而廣者，徒來也；散而條達者，樵采也；少而往來者，營軍也。

辭卑而益備者，進也；辭強而進驅者，退也；輕車先出，居其側者，陣也；無約而請和者，謀也；奔走而陳兵者，期也；半進半退者，誘也；杖而立者，飢也；汲而先飲者，渴也；見利而不進者，勞也；鳥集者，虛也；夜呼者，恐也；軍擾者，將不重也；旌旗動者，亂也；吏怒者，倦也；粟馬肉食，軍無懸缻，而不返其舍者，窮寇也；諄諄翕翕，徐與人言者，失眾也；數賞者，窘也；數罰者，困也；先暴而後畏其眾者，不精之至也；來委謝者，欲休息也。兵怒而相迎，久而不合，又不相去，必謹察之。

兵非益多也，惟無武進，足以併力、料敵、取人而已。夫惟無慮而易敵者，必擒於人。

卒未親附而罰之，則不服，不服則難用也。卒已親附而罰不行，則不可用也。故令之以文，齊之以武，是謂必取。令素行以教其民，則民服；令素不行以教其民，則民不服。令素行者，與眾相得也。

十、地形

孫子曰：凡地形有通者、有掛者、有支者、有隘者、有險者、有遠者。我可以往，彼可以來，曰通。通形者，先居高陽，利糧道，以戰則利。可以往，難以返，曰掛。掛形者，敵無備，出而勝之；敵若有備，出而不勝，難以返，不利。我出而不利，彼出而不利，曰支。支形者，敵雖利我，我無出也，引而去之，令敵半出而擊之，利。隘形者，我先居之，必盈之以待敵。若敵先居之，盈而勿從，不盈而從之。險形者，我先居之，必居高陽以待敵；若敵先居之，引而去之，勿從也。遠形者，勢均，難以挑戰，戰而不利。凡此六者，地之道也，將之至任，不可不察也。

故兵有走者、有弛者、有陷者、有崩者、有亂者、有北者。凡此六者[十一①]，非天之災，將之過也[十-②]。夫勢均，以一擊十，曰走[十-③]；卒強吏弱，曰弛；吏強卒弱，曰陷；大吏怒而不服，遇敵懟而自戰，將不知其能，曰崩；將弱不嚴，教道不明，吏卒無常，陳兵縱橫，曰亂；將不能料敵，以少合眾，以弱擊強，兵無選鋒，曰北。凡此六者，敗之道也，將之至任，不可不察也。

夫地形者，兵之助也。料敵制勝，計險厄遠近，上將之道也。知此而用戰者必勝，不知此而用戰者必敗。

故戰道必勝，主曰無戰，必戰可也[十-④]；戰道不勝，主曰必戰，無戰可也。是故進不求名，退不避罪，唯民是保，而利合於主，國之寶也。

視卒如嬰兒，故可與之赴深谿；視卒如愛子，故可與之俱死[十-⑤]。厚而不能使，愛而不能令，亂而不能治，譬若驕子，不可用也[十-⑥]。

[十一⑦]

知吾卒之可以擊，而不知敵之不可擊，勝之半也；知敵之可擊，而不知吾卒之不可以擊，勝之半也；知敵之可擊，知吾卒之可以擊，而不知地形之不可以戰，勝之半也。故知兵者，動而不迷，舉而不窮。故曰：知彼知己，勝乃不殆[十一⑧]；知天知地，勝乃可全。

十一、九地

[十一①]

孫子曰：用兵之法，有散地，有輕地，有爭地，有交地，有衢地，有重地，有圮地，有圍地，有死地。諸侯自戰其地者，為散地[十一②]；入人之地而不深者，為輕地[十一③]；我得則利，彼得亦利者，為爭地[十一④]；我可以往，彼可以來者，為交地；諸侯之地三屬，先至而得天下之眾者，為衢地[十一⑤]；入人之地深，背城邑多者，為重地[十一⑥]；山林、險阻、沮澤，凡難行之道者，為圮地；所由入者隘，所從歸者迂，彼寡可以擊吾之眾者，為圍地[十一⑧]；疾戰則存，不疾戰則亡者，為死地。是故散地則無戰，輕地則無止，爭地則無攻，交地則無絕，衢地則合交，重地則掠[十一⑦]，圮地則行，圍地則謀[十一⑨]，死地則戰。

所謂古之善用兵者，能使敵人前後不相及，眾寡不相恃，貴賤不相救，上下不相收，卒離而不集，兵合而不齊。合於利而動，不合於利而止。

敢問：「敵眾整而將來，待之若何？」曰：「先奪其所愛，則聽矣。」兵之情主速，乘人之不及，由不虞之道，攻其所不戒也。

凡為客之道，深入則專，主人不克。掠於饒野，三軍足食。謹養而勿勞，併氣積力，運兵計謀，為不可測。投之無所往，死且不北。死焉不得，士人盡力。兵士甚陷則不懼，無所往則固，深入則拘，不得已則鬥。是故其兵不修而戒，不求而得，不約而親，不令而信。禁祥去疑，至死無所之。吾士無餘財，非惡貨也；無餘命，非惡壽也。令發之日，士卒坐者涕沾襟，偃臥者涕交頤。投之無所往，則諸、劌之勇也。

故善用兵者，譬如率然。率然者，常山之蛇也。擊其首則尾至，擊其尾則首至，擊其中則首尾俱至。敢問：「兵可使如率然乎？」曰：「可。夫吳人與越人相惡也，當其同舟而濟。遇風，其相救也，如左右手。」是故方馬埋輪，未足恃也；齊勇若一，政之道也；剛柔皆得，地之理也。故善用兵者，攜手若使一人，不得已也。

將軍之事，靜以幽，正以治。能愚士卒之耳目，使之無知；易其事，革其謀，使人無識；易其居，迂其途，使人不得慮。帥與之期，如登高而去其梯；帥與之深入諸侯之地，而發其機，焚舟破釜，若驅群羊。驅而往，驅而來，莫知所之。聚三軍之眾，投之於險，此謂將軍之事也。

九地之變，屈伸之利，人情之理，不可不察也。

凡為客之道，深則專，淺則散。去國越境而師者，絕地也；四達者，衢地也；入深者，重地也；入淺者，輕地也；背固前隘者，圍地也；無所往者，死地也。是故散地，吾將一其志；輕地，吾將使之屬；爭地，吾將趨其後；交地，吾將謹其守；衢地，吾將固其結；重地，吾將繼其食；圮地，吾將進其途；圍地，吾將塞其闕；死地，吾將示之以不活。故兵之情：圍則禦，不得已則鬥，過則從。

是故不知諸侯之謀者，不能豫交；不知山林、險阻、沮澤之形者，不能行軍；不用鄉導者，不能得地利。

四五者，不知一，非霸王之兵也。夫霸王之兵，伐大國，則其眾不得聚；威加於敵，則其交不得合。是故不爭天下之交，不養天下之權，信己之私，威加於敵，故其城可拔，其國可隳。

施無法之賞，懸無政之令。犯三軍之眾，若使一人。犯之以事，勿告以言；犯之以利，勿告以害。投之亡地然後存，陷之死地然後生。夫眾陷於害，然後能為勝敗。

故為兵之事，在於順詳敵之意，併敵一向，千里殺將，是謂巧能成事者也。是故政舉之日，夷關折符，無通其使；厲於廊廟之上，以誅其事。敵人開闔，必亟入之，先其所愛，微與之期，踐墨隨敵，以決戰事。是故始如處女，敵人開戶；後如脫兔，敵不及拒。

十二、火攻

孫子曰：凡火攻有五：一曰火人，二曰火積，三曰火輜，四曰火庫，五曰火隊十二-①。行火必有因，烟火必素具。發火有時，起火有日。時者，天之燥也。日者，月在箕、壁、翼、軫也。凡此四宿者，風起之日也。

凡火攻，必因五火之變而應之：火發於內，則早應之於外；火發而其兵靜者，待而勿攻，極其火力，可從而從之，不可從則止；火可發於外，無待於內，以時發之；火發上風，無攻下風；晝風久，夜風止。凡軍必知有五火之變，以數守之。

故以火佐攻者明，以水佐攻者強十二-②。水可以絕，不可以奪。夫戰勝攻取，而不修其功者凶，命曰「費留」。

故曰：明主慮之，良將修之，非利不動，非得不用，非危不戰。主不可以怒而興師，將不可以慍而致戰。合於利而動，不合於利而止。怒可以復喜，慍可以復悅，亡國不可以復存，死者不可以復生。故明主慎之，良將警之，此安國全軍之道也。

十三、用間篇

孫子曰：凡興師十萬，出征千里，百姓之費，公家之奉，日費千金，內外騷動，怠於道[十三—②]路，不得操事者，七十萬家。相守數年，以爭一日之勝，而愛爵祿百金，不知敵之情者，不仁之至也[十三—①]，非人之將也，非主之佐也，非勝之主也。故明君賢將，所以動而勝人，成功出於眾者，先知也。先知者，不可取於鬼神，不可象於事，不可驗於度，必取於人，知敵之情者也。

故用間有五：有鄉間，有內間，有反間，有死間，有生間。五間俱起，莫知其道，是謂「神紀」，人君之寶也。鄉間者，因其鄉人而用之；內間者，因其官人而用之；反間者，因其敵間而用之；死間者，為誑事於外，令吾間知之，而傳於敵間也；生間者，反報也。

故三軍之事，莫親於間，賞莫厚於間，事莫密於間，非聖智不能用間，非仁義不能使間，非微妙不能得間之實[十三—③]。微哉！微哉！無所不用間也。間事未發而先聞者，間與所告者皆死。

凡軍之所欲擊，城之所欲攻，人之所欲殺，必先知其守將、左右、謁者、門者、舍人之姓名，令吾間必索知之。必索敵人之間來間我者，因而利之，導而舍之，故反間可得而用也；因是而知之，故鄉間、內間可得而使也；因是而知之，故死間為誑事，可使告敵；因是而知之，故生間可使如期。五間之事，主必知之，知之必在於反間，故反間不可不厚也。

昔殷之興也，伊摯在夏；周之興也，呂牙在殷。故明君賢將，能以上智為間者，必成大功。此兵之要，三軍之所恃而動也。